ONE $\mathscr{P}$AN recipe

사진 Bannie Park ∘∘∘ 푸드스타일링 Esther Kook ∘∘∘ 디자인 조아름

팬 하나로 충분한 두 사람 식탁

국가비 레시피북

조리 인분

따로 표기가 없는 모든 레시피는 2인분입니다.
그런데 〈FISH & STEAK〉 파트는 다른 요리와 함께 곁들여 먹는 것을 생각해
4인분으로 만들었어요. 이때 재료를 딱 반으로 줄여서 만들면 2인분으로 준비할 수 있습니다!
디저트 레시피도 다른 표기가 없다면 모두 8인분입니다.

계량 관련

1T = 1큰술 = 약 15ml, 1t = 1작은술 = 약 5ml예요.
소주잔 1잔은 50ml로 적은 양의 액체 계량이 어려울 때에는 소주잔을 사용하세요!
한 줌은 대략 40-50g(채소의 경우), 한 꼬집은 1/4t에 가깝습니다.
사실 '줌'이나 '꼬집'은 사람마다 다르기 때문에 여러분의 '감'을 찾는 것이 중요해요.
요리를 계속할수록 그 감이 잡힐 거예요!

난이도 표기

요리 이름 하단에 들어간 🦪 아이콘은 요리의 난이도를 표시합니다.
개수가 많을수록 조리가 어려운 요리라는 뜻이지요. 하지만 걱정 마요!
난이도순으로 소개할 테니, 앞에서부터 차근차근 따라 하다보면
어려운 요리도 척척 해내실 거예요!

사랑하는 _____ 엄마, 아빠에게

Prologue

레시피북은 파리에서 요리를 공부할 때부터 시도해오던 저의 오랜 꿈이었어요. 그게 2013년도였던가… 당시에 사진을 공부하고 있었던 프랑스 친구가 같이 전자책을 만들자고 제안하면서 처음 시도했죠. 하지만 그때 다니던 '르 꼬르동 블루(Le Cordon Bleu)'에서 중급반 실습 시험에 떨어지고 같은 학기를 다시 치러야 하는 상황에 놓이자, 급격히 자신감을 잃었어요. 그래서 책을 쓰고 싶다는 바람을 종잇장 구기듯 꼬깃꼬깃 구겨 던져버렸습니다. 그렇게 구겨진 제 꿈을 오랫동안 다시 찾아보지도, 생각하지도 않았어요.

10년이 흐른 지금 되돌아보니, 실패와 스스로에 대한 실망감은 그때 꼭 겪어야 할 일이었어요. 그다지 아는 것도 없었는데 무엇을, 나의 어떤 지식을 믿고, 어디서 나온 자신감으로 책을 쓰겠다고 했을까 싶기도 해요(뭐 지금이라고 척척박사처럼 다 아는 것은 아니지만…). 무엇보다 그때 그 실패가 있었기에, 그때 자신을 더 꾸짖었기에 그 계기로 지금의 제가 있는 것이고, 실패한 타이밍이 잘 맞아떨어져 국내에서 열린 요리 경연 프로그램에 나갈 수 있게 되었죠.

경연이 끝나고 얼마 뒤, 자신감을 얻어 레시피북을 쓰고 싶다는 생각을 다시 품게 되었어요. 제가 구겨서 던져버렸던 그 종잇장을 찾아 펴보았죠. 한 아이가 장래 희망을 쓴 것처럼 애매모호한 기획이었지만, 제가 한때 저버렸던 꿈을 위해여러 출판사와 에디터들을 만났어요. 아이디어가 넘쳐났고 기획도 계속 바뀌었어요. 지금의 남편을 만나 이사도 하고, 요리와 음식에 관련된 다양한 일들을 접하며 저의 여러 정체성을 알아가는 과정을 겪었기 때문에 생각이 자주 바뀌었던 것 같아요(이것 또한 현재 진행형이지만). 유튜브 콘텐츠도 마찬가지였어요. 전혀다룰 줄 모르던 '미디어'를 끊임없이 공부하고 새로운 시도를 해나가면서 저의콘텐츠는 초반과 너무나 달라졌어요. 책 주제도 첫 기획과 비교했을 때 확연히달라졌죠. 10년 전의 '가비'라는 사람과 지금의 '가비'가 아주 다르듯, 그 변화가저의 작업에도 비추어지는 것 같습니다.

처음엔 마냥 전형적인 레시피북을 쓰려고 했습니다. 5-6년 전에는요. 하지만 유튜브 채널에서 요리뿐만 아니라 저의 생활도 구독자분들과 공유하기 시작했죠.

많은 사람과 대화를 나누고 서로의 이야기를 공유하며 공감하고 힐링했어요. 그래서 이 책으로 여러분의 식탁에 특별함을 드리면서도, 제 주변 사람들의 이야기와 영국 이야기, 제 이야기도 살포시 나누어보려고 해요. 친한 친구에게 레시피를 전달해주러 들렀다가 잠시 차 한잔하며 수다 떠는 듯한, 그런 편안하고 포근한 이야기가 되길 바라요.

Contents

Contents

CARTWRIGHT & BUTLER
Fabulous
SEA SALTED FUDGE
CONFECTIONERY COLLECTION
NET WEIGHT 6.2oz 175g ℮

CARTWRIGHT & BUTLER
More, More, More
TRIPLE CHOCOLATE CHUNK BISCUITS
NET WEIGHT 200g ℮

CARTWRIGHT & BUTLER
Fabulous
SEA SALTED FUDGE
CONFECTIONERY COLLECTION
NET WEIGHT 6.2oz 175g ℮

C&B Triple Choc Chunk
Biscuits in Gift Tin

C&B Salted Caramel Fudge
in Gift Tin

C&B Milk
Biscuits in

£7.95

£6.95

Charbonnel et Walker
Established 1875

MILK CHOCOLATE AND TRUFFLE SELECTION

Contents

ONE PAN FISH & STEAK

NO OVEN DESSERTS

Pairing Recommendation

리코타치즈가지롤

프로방스닭가슴살스테이크
치미추리바비큐
지중해식 연어스테이크
프로방스가자미구이

돼지등심스테이크

방울토마토모차렐라파스타

우스터크림스테이크

갈릭새우파스타

허니머스터드크림치킨

버섯리소토

치미추리바비큐

시금치/케일페스토섬머파스타
봉골레

지중해식 연어스테이크

애호박파스타
방울토마토모차렐라파스타
봉골레
갈릭새우파스타

훈제파프리카와 대구살스테이크

로제소주파스타
방울토마토모차렐라파스타
해산물아라비아타파스타
오징어토마토파스타

로제소주대구살스테이크

애호박파스타
봉골레
갈릭새우파스타
명란오일파스타

프로방스가자미구이

시금치/케일페스토섬머파스타
참치마요냉파스타

관자버터구이와 로메스코소스

아로스마리네로
고등어파스타

갈비뇽

단호박리소토

원팬 레시피의 시작

이탈리아 분들이여, 죄송합니다!

만약 당신이 이탈리아 사람이라면 '원팬 파스타'를 보고 불쾌해할지도 모릅니다. 그래서 시작도 전에 이렇게 사과드립니다! 이탈리아 사람이라면 전통이 깊은 파스타 요리를 압축해 하나의 팬에서 만들어버리는 행위에 소리를 꽥 지를 거예요. 김치를 담글 때 배추를 소금에 절이지도 않고 바로 김치소부터 꽉꽉 넣어버리는 영국인을 보며, 한국인들이 "그렇게 하는 거 아니야!"라고 외치는 것과 같달까요? 정통 이탈리아 요리에선 해산물 요리에 치즈를 절대 넣지 않지만 저는 넣을 것이고, 정통 카르보나라를 비틀어 판체타(pancetta, 삼겹살을 염장해 만든 이탈리아식 베이컨) 대신 삼겹살을 이용합니다. 제 요리 영상을 보고 분노하는 이탈리아 사람들의 댓글을 보면, 제가 그들의 재료로 그들만의 전통을 깨버리는 게 아닌지 미안한 마음이 들 때도 있었죠.

그런데 어느 날, 어떤 구독자분이 그러더라고요. 이것을 '원팬'이라는 요리 방식에 이탈리아 재료를 넣어서 만드는 요리라고 생각하면 기분 나쁠 게 없다고요! 또 한 분은 본인이 이탈리아 사람이라는 걸 밝히며, 이 방식에 왜 사람들이 화내는지 이해가 안 간다고, 사실 이탈리아에도 원팬으로 만드는 '파스타 리소타타

(pasta risottata)'라는 요리가 있으니 전혀 잘못된 방식이 아니라고 댓글을 남겨 놓았습니다.

정말? 바로 뒷조사를 했죠! 파스타 리소타타는 이탈리아에서 아주 대중적인 요리는 아니지만, 한 냄비에 파스타와 재료를 넣고 요리를 끝내버리는 방식을 가리켰어요. 리소토처럼 물을 부으며 계속 젓는 요리법인데, 제가 이 책에 쓴 방법이랑 살짝 다르지만 기본 바탕은 같았어요.

제가 원래 알고 있었던 '원팬 파스타' 레시피의 시작은 미국에서 가장 유명한 요리연구가이자 라이프스타일 인플루언서인 마사 스튜어트(Martha Stewart) 팀이 2013년도에 최초로 공개했다는 거예요. 너무나도 편리하고 빠른데 맛있기까지 해 미국에서는 원팬과 원포트(pot) 요리 붐이 일어났죠. 잡지, 푸드 웹사이트, 블로그 등에서 이 아이디어를 빌려 각종 원팬과 원포트 레시피가 쏟아져 나왔습니다. 레시피들은 SNS의 힘으로 보다 빠르게 퍼져나갔고, 여러 요리 매체들은 정식으로 원팬과 원포트, 심지어 오븐 트레이에 재료를 한번에 다 넣고 굽는 레시피까지 소개했어요.

하지만 거슬러 올라가면 이 방식을 마사 스튜어트 팀이 최초로 공개한 것도 아니에요. 이미 1985년에 에드워드 지오비(Edward Giobbi)가 『이탈리아 사람처럼 제대로 잘 먹는 법(Eat Right, Eat Well-the Italian Way)』에서 택시 기사에게서 전수받은 브로콜리파스타를 '리소토처럼 저으면서 만들 수 있는 간단한 파스타'로 소개했습니다. 1979년 피에르 프라니(Pierre Franey)의 『뉴욕타임즈 60분 미식가(The New York Times 60-Minute Gourmet)』에서 원팬 파스타를 소개한 적도 있었죠.

이 레시피가 정말 이탈리아에서 온 것인지의 해답은 유명 푸드 웹사이트 'Food52'*에서 찾을 수 있었어요. 마사 스튜어트 팀에서 일하고 있던 레시피 연구가 겸 푸드 스타일리스트 노라 싱리(Nora Singley)는 이탈리아의 한 작은 도시 풀리아(Puglia)에서 레스토랑 사장의 아들이자 셰프였던 마테오 마르텔라(Matteo Martella)에게서 이 레시피를 '어머니의 간단한 파스타 조리법'으로 전수받았다고 합니다.

그럼 이것도 엄연히 이탈리아식 조리법이라는 거구나! 저는 더이상 죄책감을 가진 채 '원팬 시리즈' 영상을 제작하지 않아도 되고, 여러분도 만약 이탈리아 친구가 태클을 걸면 이것 역시 정통 조리 방식이라고 자신 있게 방어할 수 있게 되었습니다. 이 사실을 모두 알고 난 후 한결 가벼워진 마음으로 이 책에 담을 원팬 요리를 만들 수 있었어요.

휴!

✖   "The Late Night in Puglia That Gave Us Martha Stewart's One-Pan Pasta (+ 7 New Ones)"

원팬 파스타, 맛있게 끓이는 방법

사실 최초로 공개했던 원팬 토마토파스타의 맛은 지금과 전혀 달랐어요. 솔직히 자부심을 느끼기 어려운 맛이었죠. 그때 영상의 목적은 '이런 테크닉이 존재한다'라는 소개 정도랄까요? 그래서 첫 레시피 이후로 한동안 원팬 요리 영상을 올리지 않았습니다. 앞으로는 더 맛있게 만드는 방법을 시청자에게 공유하고 싶었거든요.

맛없는 원팬을 여러 차례 만들어내고 애매한 파스타 접시들을 아주 많이 맛보며, 어떻게든 전통 방식과 제일 가까운 식감과 향, 맛을 내려고 노력했어요. 확실히 이미 나와 있는 여러 원팬 요리법들은 아쉬운 점이 많았어요. 소스를 너무 초반에 넣는다거나 불 조절에 대한 디테일이 없다거나 정확한 타이밍이 없다든지. 모든 재료를 한꺼번에 같이 넣어버려서, 부재료들의 향이 살지 않는 문제도 있었죠. 그래서 원팬과 원포트의 단점을 최대한 없애려고 노력했어요.

일단 원팬으로 파스타를 만들게 된다면, 물의 양도 중요하지만 불의 세기도 중요해요. 재료 넣는 순서도 중요하죠. 라면처럼 다 넣고 한번에 끓여버리는 방식이라면 세상 편하겠지만, 최상의 맛을 내려면 몇 가지 룰을 꼭 따라야 해요.

1. 물은 파스타의 2-2.5배 정도. 면이 두꺼울수록 물도 더 많아야 한다.

2. 불은 물이 끓을 때까지 센 불을 유지하고, 물이 끓어오를 때 중약불로 줄인다.

3. 면에 간을 입히기 위해 물에 소금을 뿌리고, 틈틈이 파스타를 저어 물을 골고루 흡수시킨다.

4. 타이머는 물이 끓어오를 때부터 사용하고 시간을 꼭 지킨다.

5. 소스는 요리 완성 몇 분 전에 넣어야 한다(예외는 있어요).

원팬 파스타의 장점은 설거지거리가 적다는 것은 물론, 파스타에 있는 전분이 소스를 꾸덕하고 향기롭게 해준다는 점이에요. 그래서 원팬 파스타로 만들기에 오일파스타가 가장 좋고, 솔직히 토마토소스 파스타가 가장 맛이 애매합니다. 하지만 만드는 과정을 잘 지킨다면 이렇게 간단한 조리 방법이 또 없을 거예요.
캠핑 가서 가스버너 위에다 뚝딱 해 먹을 수 있고, 공간이 작은 주방에서도 따라 하기 쉽습니다. 저도 이 레시피들을 개발하면서 최대한 조리 공간을 줄였어요. 게다가 도구 가짓수도 손에 꼽아요!

그럼 이제 재료들을 소개할게요!

파스타와 허브

파스타

전 세계, 특히 유럽인들에게는 어느 나라 할 것 없이 집밥처럼 일주일에 몇 번씩 식탁에 올라가는 파스타! 간편하게 뚝딱 만들지만 다양한 소스에 영양 밸런스까지 좋아 모두가 사랑하는 이탈리아 음식이죠. 파스타는 사실 7,000년 전 중국에서 이탈리아로 넘어간 음식이라고 해요. 그래서 동양인인 우리에게도 그다지 낯설지 않은 걸까요?

파스타는 대략 350가지의 종류로 나뉘어요. 일 년 동안 거의 매일 다른 모양의 파스타를 먹을 수 있다는 거죠! 이 책에서 그 전부를 보여드리진 못하지만, 제가 자주 쓰는 위주로 몇 가지만 간단하게 소개할게요.

허브

허브는 한식으로 비유하자면, 깨소금을 뿌리거나 참기름 둘러주기, 설렁탕에 파를 송송송 넣거나 감자탕에 깻잎을 썰어올리는 것과 비슷해요. 볶음밥에 참기름을 살짝 뿌렸느냐 아니냐의 차이랄까요? 그냥 토마토소스와 바질을 솔솔 뿌린 토마토소스는 사뭇 다르지요. 안 뿌려도 괜찮지만 뿌리면 풍미가 확 높아지니까요!

콘킬리오니 *Conchiglioni*

조개껍질 모양의 파스타라서 이름도 '조개'라는 뜻이에요.
차갑게 먹어도 맛있고 떠먹기 좋아 숟가락으로
소스와 파스타를 함께 먹는 레시피에 딱이죠.

푸실리 *Fusilli*

휘휘 꼬아진 모양의 쇼트파스타.
면 사이사이에 소스가 잡혀서 페스토나 진하고 묵직한 소스,
예를 들어 볼로네제가 어울려요.

링귀니 *Linguine*

스파게티와 비슷하지만 납작해요.
해물토마토파스타나 크림파스타랑 어울

펜네 *Penne*

손가락 반 정도의 길이에 구멍이 뚫렸어요.
쇼트파스타 중 제일 흔하고 거의 모든 소스와 어울려요.

부카티니 *Bucatini*

스파게티보다 두껍지만 가운데 구멍이 뚫려 있는 특이한 면이에요.
걸쭉한 라구소스와 어울려요. 살짝 우동 면 같은 식감이라
볶아 먹어도 맛있어요.

스파게티 *Spaghetti*

전 세계적으로 가장 흔한 파스타.
길고 중간 사이즈로 모든 소스와 어울려요.

로즈메리 *Rosemary*

붉은 고기류에 잘 어울리는 건 이제 다 아는 사실!
쌉싸름하면서 민트처럼 향이 톡 쏘죠.
크리스마스트리 잎사귀처럼 생겼어요.

바질 *Basil*

여름 제철 채소와 어울려요. 잎사귀가 큰데 약해서
오래 보관하지 못하며, 향기롭지만 가열하면 향이 날아가요.
그래서 열처리가 된 건바질은 생바질보다 향이 약해요.

타임 *Thyme*

프랑스에서 흔히 쓰는 허브인데, 국내에서는 잘 알려지지 않았어요.
생타임은 바질, 오레가노, 파슬리보다 보관기간이 더 길고,
가열해도 향이 남아서 든든한 허브예요.

차이브 *Chives*

영양부추 같은 거라고 생각하시면 됩니다.
파슬리보다 싸한 맛이 덜해서, 보통은 아주 작게 어슷썰어서 사용해요.
우리나라 요리에 파를 올리듯 보기 좋게 하는 역할도 합니다.
특히 부드러운 해산물 요리에 많이 올리면 씹는 맛과 은은한 향이 더해집니다.

오레가노 *Oregano*

토마토소스에 이 허브를 쓰면 바로 피자가 떠오를 거예요.
건조시키면 향이 죽는 바질과 달리 오레가노는 계속 향이 살아 있어요.
다른 허브와 혼합하여 고기 요리 소스에 많이 쓰여요.

파슬리 *Parsley*

제일 흔하고 기본적인 허브예요. 유럽의 어느 마트에나 있어요.
해물, 고기, 수프 등 거의 모든 서양 요리에 어울려요.
한국에서 흔한 파슬리 종류인 컬리 파슬리는 씹었을 때 싸한 맛이 있어요.
그 맛에 거부감이 든다면 아주 잘게 다져서 쓰면 됩니다.

팬과 냄비, 빈티지 그릇

팬과 냄비

여러분이 제일 흔하게 사용할 파스타 종류는 스파게티죠! 그렇다면 28cm 팬이 딱 맞아요. 제가 사용하는 큰 팬은 다 28cm입니다. 하지만 커다란 팬을 구매하기 부담스럽다면 면을 반으로 부러트려도 돼요. 원팬 파스타의 원조, 파스타 리소타타의 방식을 살펴보면, 리소토처럼 저어가면서 만드는 게 본래 방식이니 면을 짧게 부러트려 먹어도 상관없죠. 하지만 스파게티만의 매력인 포크에 돌돌돌 말아서 먹기가 어려우니 개인적으로는 스파게티 먹는 '맛'이 안 난달까요?

무쇠

무쇠 팬에 대해 많은 질문을 받는데, 솔직히 얘기하자면 무쇠 도구가 실용성은 정말 좋지만 가정용으로는 추천하지 않아요. 일단 너무 무거워 팬을 돌려가며 음식을 볶을 수 없어요. 그리고 관리하기가 보통 팬보다 까다롭습니다. 씻을 때 주방세제 없이 솔로 잘 문질러서 뜨거운 물에 헹구기만 해야 해요. 안 그러면 무쇠에 흡수된 맛있는 기름과 시즈닝이 다 녹아내리고 나중에 녹까지 슬어요. 씻고 나서는 불에 가열한 뒤 기름 한 방울을 둘러 문질러줘야 하고, 우리가 얼굴 각질을 밀어내듯 종종 굵은 소금을 볶으며 표면을 관리해줘야 해요. 너무 번거롭죠? 그러니 시중에 파는 흔한 팬이 최고예요!

물론, 무쇠 팬의 장점은 무쇠에 흡수되는 맛이 그다음 요리에 영향을 줘서 더욱더 감칠맛 나는 음식을 만들 수 있다는 거예요. 오븐에 바로 넣을 수도 있죠. 잘만 관리하면 무려 내 자손에게 물려줄 수 있을 정도로 오래가요. 이러한 이유로 저는 모든 단점들을 알고도 무쇠 팬이 세 개나 있군요….

에나멜 코팅 무쇠

냄비는 무쇠로 쓰면 너무 좋아요. 특히 수프나 스튜가 오랫동안 따뜻해야 할 때! 우리나라로 치면 돌솥 같은 거죠. 마찬가지로 무겁긴 하지만 코팅이라 설거지가 훨씬 쉬워요. 무언가 오랫동안 은은하게 끓여야 한다면 무쇠 냄비를 추천해요. 제가 가지고 있는 건 지름이 19cm인데, 곧 더 큰 냄비에도 투자하려고요! 단점은 가격과 무게, 장점은 끓일 때 골고루 열이 전해진다는 것, 오븐에 그대로 넣어서 써도 된다는 것, 따뜻함이 오래간다는 것, 그리고 평생 간다는 것!

스테인리스

요즘 들어 인기 있는 소재죠. 제가 갖고 있는 냄비도 스테인리스가 대부분이고, 팬으로도 하나 있어요. 무쇠보다 가벼워서 손이 자주 가죠. 불 세기에 따라 즉각 뜨거워지거나 차가워져요. 무쇠는 가열하는 데 오래 걸리는 대신 열이 서서히 내려가지만, 스테인리스는 온도에 예민하거든요. 코팅 팬에 비해 음식이 잘 붙어서 기술이 필요해 많은 분들이 꺼려하지만 정말 오래 쓸 수 있어요.

알루미늄 코팅

가장 흔한 소재예요. 다른 소재들보다 저렴할뿐더러 가장 가벼워요. 음식이 눌어붙질 않으니 기름도 적게 쓸 수 있고요. 하지만 너무 빨리 망가집니다. 표면에 흠집이 한 번이라도 나면 활용성이 바로 떨어져요. 그래서 1-2년 만에 못 쓰게 되어 계속 바꿔야 한다는 게 큰 단점이죠. 그래도 가성비가 좋기 때문에 알루미늄 팬을 두 개 정도 가지고 있어요. 정말 조심조심 써요. 결국 금방 망가지지만요.

빈티지 그릇

제가 영국에 이사 온 후로 제 레시피 영상에 나오는 그릇과 도구들에 대한 문의가 많았어요. 따로 빈티지를 수집하는 건 아니에요. 영국에는 자선단체들이 운영하는 중고가게들이 카페처럼 많습니다. 다른 지역으로 이사 가는 사람들 또는 집을 대청소한 사람들이 주로 옷, 주방 도구, 가구, 전등, 식기 등을 가게에 기부합니다. 그럼 다른 사람들이 좋은 질의 중고품을 구매하는 거죠. 보통 이런 곳에서 앤티크까지는 아니어도, 꽤 예쁜 빈티지 그릇을 훨씬 저렴하게 구할 수 있어요. 가끔 런던의 빈티지 가게에서 본 똑같은 그릇과 수저를 이런 곳에서 몇 배나 낮은 가격으로 내놓기도 해요. 대신 좋은 물건이 언제 나올지 알 수 없죠. 그래도 날 잡고 하루에 몇 군데씩 들러서 확인하면 분명 예쁜 물건을 굉장히 저렴하게 살 수 있어요. 하지만 시간이 없다면 예쁜 그릇이 보장되는 빈티지 거리를 가보는 것도 나쁘지 않아요. 무엇을 사지 않아도 보는 재미가 쏠쏠하거든요.

'도구를 탓하지 마세요'

앞에서 이렇게 잔뜩 도구를 설명했지만, 제가 전하고 싶은 것은 이 말 하나입니다! 여행하다 만난 어떤 어부께서 제게 충고해준 말이에요. 같이 낚시를 하고 제가 그분이 가지고 있던 작은 칼로 생선을 손질하는데, 칼이 너무 안 드는 거예요. 내가 생선살을 가르는 건지, 터트리는 건지 원···. 그래서 말했죠.

"칼이 너무 닳아서 손질이 안 되는데요?"

"칼이 문제라고요? 본인이 못하는 건 아니고?"

그러고는 그가 그 칼을 집어들곤 눈 깜짝할 사이에 생선들을 손질했어요. 정말 놀랐어요. 분명 날이 뭉툭하게 느껴졌는데!

"제가 잡는 생선들은 다 이걸로 손질하는데, 아무 문제없던걸요? 도구를 탓하지 마세요. 본인 스킬이죠."

그분의 말이 마음속에 깊게 남았어요. 제가 여태 '제일 좋은 칼' '제일 좋은 팬'에 너무 집착하고 의존한 게 아닌가 생각하게 됐어요. 좋고 비싼 도구가 요리의 맛을 하늘과 땅 차이로 갈라놓지는 않아요. 지속적으로 연습하고 반복한 손놀림, 나만의 편한 도구, 재료에 대한 지식이 훨씬 큰 영향을 미치죠. 비싼 도구가 더 순조롭게 요리할 수 있도록 도움을 주긴 하지만, 다시금 제가 드리고 싶은 말은··· 비싼 도구에 너무 신경쓰지 말라는 거예요!

요리가 쉬워지고 맛이 깊어지는 비밀

맛의 '레이어링'

저는 어떤 음식을 만들 때, 항상 그 요리의 '레이어링(layering, 겹)'을 생각해요. 제 주변에서 "똑같은 음식인데 왜 내가 하면 밍밍하고 네가 만들면 이런 맛이 나?"라고 말해서, 그 사람이 요리하는 걸 어깨너머로 보면 대부분 레이어링을 안 해서 그렇더라고요.

음악이랑 같은 이치예요. 오케스트라 연주랑 비교해볼까요? 피아노, 바이올린, 플루트… 각자 연주해도 훌륭하죠. 하지만 오케스트라는 다양한 악기들의 레이어링이 조화를 이루어낸 연주죠. 예를 들어, 피아노가 오프닝을 시작하고 그다음 바이올린, 비올라, 첼로가 시작돼요. 곧 플루트와 트럼펫 등등이 그뒤를 잇습니다. 하지만 각각 소리도 다르고 그들이 연주해야 하는 악보도 다르죠. 분명 모두 다른 소리를 내지만 하모니가 맞으면 아름다운 연주가 되어 우리 귀로 들어오고 감정을 흔듭니다.

요리도 마찬가지라고 생각해요. 모든 재료들은 각자의 맛과 향, 조리해야 하는 시간이 다 달라요. 어떤 재료들은 있는 그대로도 충분히 맛있게 먹을 수 있어요. 하지만 요리를 만들 적에, 내가 '맛'을 내야 한다면 꼭 음악을 생각하세요!

양파, 마늘, 당근, 감자를 떠올려볼게요. 각 재료는 맛도 다르고 조리되어야 하는 시점도 달라요. 감자는 가장 늦게 익으니 먼저 넣어야 하죠. 양파는 익을수록 매운맛 대신 향긋한 단맛이 나고, 당근도 익히면 뿌리채소다운 향을 내며 보드랍게 씹히죠. 마늘은 싸하게 고소하면서 맵고, 특유의 감칠맛이 있어 요리에 레이어링을 더해줘요. 여기에 소금과 후추를 뿌리면 잔잔한 맛이 더 신나는 맛으로 변합니다. 여기에 허브까지 넣으면 더 풍부한 연주가 되겠죠? 이렇게만 볶아도 작은 오케스트라가 완성됩니다.

모든 재료가 조화를 이루어 입으로 들어오면, 좋은 음악을 듣는 것처럼 우리의 감각을 흔듭니다. 한입 베어 물었을 때 짭짤하면서 달고, 허브와 후추가 혀를 살짝 간지럽히며, 씹으면 씹을수록 그 재료만의 맛이 코로 치고 올라오면!
"음~" 하고 감탄사가 절로 나옵니다. 하모니가 다 맞아떨어지는 요리라면요!

요리에 꼭 필요한 단계

어느 나라의 어느 식당이라도 영업 전에 모든 재료를 미리 손질하여 준비해놓습니다. 그리고 주문이 들어오면 바로바로 요리에 사용할 수 있도록 정리해놓죠. 이 과정을 프랑스어로 'Mise en place(미즈 앙 플라스)'라고 말해요. '제자리에 놓다'라는 뜻, 즉 요리하기 전에 필요한 모든 재료를 미리 준비해놓는 중요한 단계죠. 예를 들어 육수를 미리 끓여놓거나, 그날 쓸 마늘과 양파를 미리 다져놓거나, 소스를 만들거나, 고기를 손질해놓는 거예요.

모든 식당은 사실 영업하는 시간보다 준비 시간이 훨씬 길어요. 저도 서빙 시간이 오후 12시에서 2시라면, 아침 8시부터 그날 쓸 재료를 미리 다 준비해두곤 했어요. 어찌 보면 요리보다 더 오래 걸리죠. 하지만 이 과정이 잘 준비되어 있어야 요리할 때 막힘없이 척척 해낼 수 있어요. 요리하면서 그때그때 재료를 준비하면 시간이 더 길어져요. 무엇보다 이 준비 단계를 거치면 왕초보의 문제인 주방이 엉망진창이 되는 걸 방지할 수 있답니다!

HOMEMADE
SAUCE

토마토소스
아라비아타소스
시금치페스토와 케일페스토
타프나드
치미추리
로제소주소스
로메스코소스

Tomato Sauce

토마토소스

토마토 페이스트를 쓰지 않아서 많이 달지 않고 상큼하며 연한 소스예요.

집에서 직접 소스를 만들어보고 싶을 때, 이 레시피를 써보세요!

설탕의 양을 조절할 수 있고, 방부제 같은 것이 안 들어간다는 장점이 있죠.

Ingredients

통조림 토마토 2캔

양파 1개

마늘 5톨

파슬리 두 줌

피시소스/멸치액젓 2t

발사믹식초 2T

허브믹스 1t

화이트와인/소주 240ml

올리브오일 10T

소금, 후추

Preparation

① 양파와 마늘, 파슬리(바질도 섞어주면 더 맛있어요)를 모두 다져주세요.

② 중약불에 달군 냄비에 올리브오일을 두르고, 양파와 마늘을 한꺼번에 넣어 4-5분 정도 은은히 볶아주세요.

③ 양파가 반투명해지고 노란색이 진하게 올라오면, 통조림 토마토를 한꺼번에 넣어주세요.

④ 피시소스, 발사믹식초, 허브믹스, 다진 파슬리(와 바질)를 넣어서 섞어주세요.

⑤ 소금과 후추로 간을 맞춰주세요. 저는 소금 네다섯 꼬집, 후추 1/2t을 넣었어요.

⑥ 여기에 소주를 넣은 뒤 뚜껑을 닫고 약불에 은은히 25분 동안 끓여주세요. (와인은 향이 좋아지고 소주는 단맛이 올라가요.)

⑦ 깨끗한 유리병이나 용기에 넣어서 보관해주세요. 냉장실에서는 4-5일 동안, 냉동실에서는 3개월 동안 사용할 수 있어요.

Arrabbiata Sauce

아라비아타소스

토마토소스지만 매운 버전이에요. 서양 요리지만 조금 칼칼하니,

시원하게 먹고 싶다면 토마토소스가 들어가는 요리에 아라비아타소스를 대신 넣어보세요!

참고로 매콤한 맛을 위해 들어가는 고추지만, 붉은빛을 위해 되도록 홍고추로 준비해주세요.

Ingredients

통조림 토마토 1캔

홍고추 1개

양파 1개

파슬리 한 줌

마늘 5톨

칠리플레이크 1t

발사믹식초 2T

설탕 1t

올리브오일 10T

소금, 후추

Preparation

① 고추와 양파, 마늘 그리고 파슬리를 다져주세요. 매운 고추라면 하나로 충분하고, 맵지 않으면 두 개도 좋아요. 씨를 적당히 제거하세요.

② 중약불에 달군 냄비에 올리브오일을 두르고 다진 양파와 마늘, 고추를 한꺼번에 넣어 4-5분 동안 볶아주세요.

③ 양파가 어느 정도 익으면 칠리플레이크를 넣어주세요. 더 맵게 하시고 싶으면 한 스푼 더 넣어도 됩니다.

④ 기름이 살짝 오렌지색을 띠면 통조림 속 토마토를 한꺼번에 넣어주세요.

⑤ 발사믹식초, 다진 파슬리와 설탕을 넣어서 섞어주시고, 소금과 후추로 간을 맞춥니다. 저는 소금 네 꼬집, 후추 1/4t을 넣었어요.

⑥ 뚜껑을 닫고 약불에 은은히 20-25분 동안 끓여주세요.

⑦ 깨끗한 유리병이나 용기에 넣어서 보관해주세요. 냉장실에서는 4-5일 동안, 냉동실에서는 3개월 동안 사용할 수 있어요.

Pesto —
Spinach & Kale

시금치페스토와 케일페스토

시금치와 케일, 이 두 가지의 슈퍼푸드로 페스토를 미리 만들어놓고
한여름에 면을 넣어 후루룩 비벼 먹으면 가볍지만 든든한 한끼가 돼요!
케일은 제법 단단해서 케일페스토가 시금치보다 더 씹는 식감이 있어요.

Ingredients

시금치페스토

시금치 100g

깨 50g

호두 50g

레몬 1/4개

엑스트라버진 올리브오일 100ml

파마산치즈 가루 50g

소금, 후추

케일페스토

케일 100g

잣 80g

마늘 3톨

파마산치즈 가루 50g

엑스트라버진 올리브오일 100ml

레몬 1/4개

소금, 후추

Preparation

시금치페스토

① 호두를 다지고, 레몬은 썰어서 즙을 내준 후에 껍질을 강판에 조금 갈아둡니다.

② 중약불에 10분 정도 깨와 다진 호두를 볶아주세요.

③ 믹서기에 모든 재료를 넣고, 소금 세네 꼬집과 후추를 약간 뿌려줍니다.

④ 잘 갈아주되, 너무 갈아서 스무디가 되지 않게 조심하세요!

⑤ *option* 저는 더 향긋하게 바질 몇 잎을 더 넣어줬어요.

케일페스토

① 마늘은 갈기 좋게 대충 슥슥 썰어주세요.

② 잣은 중약불에 10분 정도 타지 않게 저어가면서 노릇노릇하게 볶아주세요.

③ 모든 재료를 믹서기에 넣고, 소금과 후추 간을 해준 뒤 갈아줍니다. 마찬가지로 너무 곱게 갈리지 않도록 주의할 것.

④ 레몬은 썰어서 즙을 내준 뒤 입맛에 맞게 뿌려주세요.

Tapenade

타프나드

사실 소스라기보단 빵에 발라 먹는 스프레드(spread) 예요. 바르기 좋게 질감이 두터워요.
블랙올리브는 그린올리브만큼 시지 않고 단맛이 나서, 이 소스는 딥으로도 먹기 좋아요.
프로세코 스파클링와인이나 시원한 화이트와인, 생선과도 정말 잘 어울려요!

Ingredients

블랙올리브 300g
참치 캔 30g
마늘 2톨
타임/파슬리 1대
레몬 1/4개
엑스트라버진 올리브오일 60ml
소금, 후추

Preparation

① 레몬은 깨끗이 씻고 썰어서 즙을 짜주고, 타임이나 파슬리는 손으로 찢어놓습니다.

② 모든 재료를 믹서기에 넣은 뒤, 소금 두 꼬집과 후추 1/4t을 넣고 갈아주세요. 고운 퓌레보다는 블랙올리브가 잘게 보이는 정도로만 갈아줍니다.

③ 깨끗한 유리병이나 용기에 넣어서 보관해주세요. 냉장실에서 일주일 동안 사용할 수 있어요.

Chimichurri

치미추리

아르헨티나의 대표 소스예요. 스테이크나 소시지 같은 육류와도 어울리고,

감자에 뿌려 먹어도 맛있어요. 구운 토마토나 샐러드에 살짝 얹어서 먹어도 좋아요.

소스에 들어가는 허브로는 생오레가노가 향기롭지만 찾기 힘들면 말린 걸 써도 상관없어요.

Ingredients

홍고추 1개

파슬리 한 줌

건오레가노 1/2T

다진 마늘 2t

식초 1T

올리브오일 6 1/2T

소금 1/2t

후추 1/2t

Preparation

① 파슬리는 한 움큼 잡아서 아주 곱게 다져줍니다.

② 홍고추도 씨를 제거하고 잘게 다져줍니다. 되도록 너무 맵지 않은 걸 사용해주세요.

③ 볼에 ①번과 ②번 재료를 넣고, 건오레가노, 다진 마늘, 식초, 올리브오일, 소금과 후추를 넣고 숟가락으로 잘 저어주면 끝이에요!

④ 바로 먹기보단 최소 30분을 재워두면 허브 향과 마늘이 더 퍼져서 감칠맛 나고 향기로운 치미추리를 즐기실 수 있습니다.

Rosé Soju Sauce

로제소주소스

보드카소스를 소주로 재해석해 만든 소스입니다. 시중에서 파는 소스랑 맛이 많이 다를 거예요.
더 부드러우면서 톡 쏘는 맛이랄까요? '파사타(passata)'는 퓌레처럼 알갱이나 껍질 없이
곱게 거른 생토마토즙입니다. 치즈는 파마산이나 그라나파다노 둘 다 좋은데,
그라나파다노는 시큼해서 톡 쏘는 맛을 더 올려줘요.

Ingredients

파사타 700-800ml
양파 1개
마늘 3-4톨
생크림/휘핑크림 150ml
소주 80ml
올리브오일 10T
파마산치즈/그라나파다노치즈 50g
바질/파슬리 1/2줌
후추

Preparation

① 중약불에 달군 냄비에 올리브오일을 두르고, 다진 양파와 마늘을 넣어 4-5분 동안 볶아주세요.
② 양파가 얼추 익으면 소주를 넣어주세요.
③ 소주가 한소끔 끓어오르면 파사타를 전부 넣어주세요.
④ 잘 저어주신 뒤 뚜껑을 닫고 약불에 은은히 25분 동안 끓입니다.
⑤ 그동안 치즈를 갈아두고, 허브를 다져놓습니다.
⑥ 25분이 지났으면 불을 끄고 냄비에 생크림, 치즈, 허브와 후추 1/2t을 넣고 섞어줍니다.
⑦ 믹서기에 모든 내용물을 옮겨 곱게 갈아서, 깨끗한 유리병이나 용기에 넣어 보관해주세요. 냉장실에서는 4-5일 동안, 냉동실에서는 3개월 동안 사용할 수 있어요.

Romesco Sauce

로메스코소스

일명 '파프리카소스'로 경연 프로그램에 나갔을 때 오디션 단계에서 썼던 소스예요.
스페인 카탈루냐 지역의 소스인데, 프랑스 바스크 지역에서도 씁니다. 어느 음식과도 잘 어울려요.
특히 채소나 해산물, 흰살 고기, 그냥 구운 빵에 발라 먹어도 맛있어요.
차갑게 먹어도, 따듯하게 먹어도 좋아요!

Ingredients

홍파프리카 3개
토마토 1개
마늘 1개
아몬드 50g
허브믹스 1t
식초 1/2T
올리브오일 3T
소금, 후추

Preparation

① 강불에 뜨겁게 달군 팬에 토마토, 홍파프리카, 반으로 자른 통마늘을 넣어서 구워주며 껍질을 태웁니다. 채소를 돌리며 모든 면을 골고루 구워주세요.
② 홍파프리카가 말랑해지면 모든 채소를 포일에 옮겨 감싸줍니다. 5분 정도 두세요.
③ 그동안 아몬드를 잘 다져서 약불에 올린 팬에 살짝만 저어가며 2분 동안 볶아주세요.
④ ②번의 채소 껍질을 벗겨줍니다. 키친타월로 문지르며 벗기면 쉬워요. 토마토는 손으로 조심스레 벗겨주시고, 마늘은 짜듯이 벗겨주세요.
⑤ 파프리카와 토마토의 꼭지를 뗍니다. 파프리카는 씨를 발라 큼직하게 썰어주세요.
⑥ 믹서기에 모든 채소와 볶은 아몬드, 허브믹스, 식초, 올리브오일을 넣고 잘 갈아줍니다.
⑦ 잘 갈리지 않는다면 물을 약간만 넣어 갈아주세요. 그후 소금과 후추로 간을 봅니다. 저는 소금 네 꼬집과 후추 1/4t을 넣었어요.
⑧ 깨끗한 유리병이나 용기에 넣어서 보관해주세요. 냉장실에서는 4-5일 동안, 냉동실에서는 3개월 동안 사용할 수 있어요.

BASIC

Aglio e Olio

알리오올리오

원팬 조리법이 생소하시면 이 레시피부터 시작하면 됩니다.
재료가 간단한 이 레시피로 시작해 점점 다른 재료도 넣어보며
또다른 맛있는 원팬 파스타를 만들어보세요!

Ingredients

마늘 6톨
식용유 2T
엑스트라버진 올리브오일 4T
스파게티 200g
물 450ml
파마산치즈 가루 1T
생파슬리/파슬리 가루 한 줌
소금
option 피시소스/액젓 약간

Mise en place

▶ 마늘은 껍질을 벗기고 편으로 썰어주세요. 만약 다진 마늘밖에 없으시면 1인분에 1/2T씩 넣어주면 됩니다. 참고로 저는 마늘을 으깨서 사용했어요. 으깨거나 다지면 향이 더 세져요!

▶ 식용유는 조리용 올리브오일로 대체 가능합니다. 조리용 올리브오일이란 열을 가해도 되는 올리브오일로, 엑스트라버진 올리브오일을 제외한 종류를 말해요.

▶ 면과 물은 미리 계량해두세요.

1 중약불에 팬을 올려 식용유나 조리용 올리브오일 2T을 두르고 달굽니다.

2 마늘을 넣어 1분 30초에서 2분 정도 은은히 볶아주세 요. 마늘은 금방 타고, 색이 조금만 진해져도 쓴맛이 나 니까 조심하세요. 특히 다진 마늘은 더 주의!

3 마늘 향이 온 주방에 퍼지면, 준비해놓았던 면을 넣어주 세요.

4 물을 한번에 다 붓고, 강불로 올려주세요.

5 면 사이사이에 물이 들어가도록 주걱이나 젓가락으로
공간을 만들어주세요.

6 소금을 큼직하게 두 꼬집 뿌려주세요.

7 물이 끓어오르면 불을 다시 중약불로 내리고, 타이머를
9분에 맞춰주세요.

8 면끼리 들러붙지 않게 중간중간 면을 흩트려주세요. 계
속 흩트려야 면도 골고루 잘 익어요.

9 생파슬리를 쓰신다면 이때 다져주세요.

10 *option* 타이머에 1-2분 정도 남았으면, 피시소스나 액 젓을 3-4방울만 똑똑똑 떨어트려주세요. 감칠맛을 더 욱더 올려줍니다.

11 타이머가 울리면 강불로 올려 엑스트라버진 올리브오 일을 4T 정도 듬뿍 두르고 재빨리 섞어주세요. 혹시 너 무 건조하면 물을 좀더(2T씩) 넣으셔도 됩니다.

12 불을 <u>끄고</u> 파마산치즈 가루 1T과 다진 파슬리(또는 파 슬리 가루)를 넣어 마지막으로 잘 섞어주세요.

Rosé Soju Pasta

로제소주파스타

홈메이드 소스만 뿌려서 먹으면 끝!

윤기가 좌르르, 부드러우면서도 톡 쏘는 맛이 매력 넘치는 파스타예요.

곁들일 와인으로는 가벼운 피노누아, 시라즈 아니면 드라이 화이트와인이 어울려요.

Ingredients

로제소주소스 200ml

리가토니 200g

물 500ml

그라나파다노 약간

생파슬리/바질 약간

Mise en place

▶ 소스는 50쪽을 참고해 만듭니다. 입맛에 맞는 시판 로제소스를 써도 좋아요.

▶ 모든 재료는 미리 재서 준비해둡니다.

▶ 시큼한 그라나파다노치즈가 어울리지만 파마산치즈도 무난하게 어울립니다!

1 강불에 물과 면을 한번에 넣은 뒤, 소금 한두 꼬집을 뿌리고 끓여줍니다.

2 물이 끓어오르면 중약불로 줄이고 타이머를 맞춥니다. 저는 13분으로 맞춰줬어요.

3 씹는 식감이 살아 있는 알 덴테(Al dante) 상태로 면이 익으면, 준비해둔 소스를 한꺼번에 넣고 저어주세요.

4 그냥 두었을 때 소스에 기포가 올라오면 불을 끄고 파마산치즈나 그라나파다노치즈를 1T 뿌려 비벼주세요.

5 　접시에 담아 입맛에 따라 한번 더 치즈를 뿌리고 파슬리나 바질을 올려줍니다.

Spinach Pesto & Kale Pesto Summer Pasta

시금치/케일페스토섬머파스타

뜨겁게 먹어도 맛있지만, 차갑게 먹었을 때 훨씬 산뜻하게 맛있는 페스토파스타입니다.

부재료 없이 그냥 페스토만 넣어서 비벼 먹어도 맛있어요.

뜨겁게 먹는다면 생크림이나 크림치즈 1-2T을 섞어서 먹으면 맛있죠!

Ingredients

케일페스토파스타

케일페스토 2T

푸실리 200g

파마산치즈 가루 1t

페타치즈 ✱ 80g

레몬 1/4개

option 칠리플레이크 1t

시금치페스토파스타

시금치페스토 2T

푸실리 200g

대추방울토마토 350~400g

생모차렐라치즈 200~250g

Mise en place

케일페스토파스타

▶ 레몬은 미리 썰어서 준비합니다.

▶ 케일페스토는 44쪽을 참고해주세요.

시금치페스토파스타

▶ 대추방울토마토는 미리 씻고 썰어두세요.

▶ 모차렐라치즈의 물은 버려두세요.

▶ 시금치페스토는 44쪽을 참고해주세요.

✱ 페타치즈(Feta cheese): 그리스 및 발칸 지역의 전통적인 치즈예요. 양이나 염소젖으로 만들고, 속은 촉촉하지만 겉이 단단해 부스러지는 식감입니다. 매우 짭짤하고 신맛이 강해 느끼한 맛이 적어요.

1 냄비에 물을 넉넉히 넣고 중불에 끓여주세요.

2 물이 끓기 시작하면 준비한 면을 넣어주세요.

3 10-12분이 지나고 면이 익으면 물을 버려주세요. 그리고 잠시 식혀둡니다.

4 케일페스토 2T을 넣어주세요.

5 파마산치즈 가루 1t을 넣어주세요.

6 페타치즈를 원하는 만큼 손으로 으깨 넣어주세요.

7 *option* 칠리플레이크와 레몬 1/4개도 뿌려주면 더욱더
상큼하고 입맛이 도는 파스타가 완성됩니다.

1 파스타 면은 케일페스토파스타와 똑같이 준비해주세요. 대신 소스로는 시금치페스토 2T을 넣어줍니다.

2 면에 잘 스며들도록 저어줍니다.

3 썰어둔 대추방울토마토를 넣고 잘 섞어주세요.

4 건져둔 생모차렐라치즈를 원하는 만큼 썰어서 같이 올립니다.

Cold Pasta – Tuna Mayo Pasta

참치마요냉파스타

냉파스타는 여름에 입맛 없을 때 먹기에 좋고, 차갑게 식어도 맛있어서 도시락용 파스타로도 좋아요.
파스타는 기다란 면 종류보다 포크로 콕콕 찍어 먹을 수 있는 펜네, 푸실리, 셸, 마카로니 등이 잘 어울려요.
샐러드처럼 먹게 돼서 스테이크나 생선 요리의 곁들이로도 딱이에요!

Ingredients

셸 200g
마요네즈 250g
레몬 1/2개
디종 머스터드 1/2t
블랙올리브 10-12개
옥수수 1개
참치 캔 2개
주키니 1/2개
파슬리 가루 1-2t
소금, 후추

Mise en place

▶ 저는 셸을 썼지만 쇼트파스타 종류면 다 상관없어요.

▶ 면은 미리 냄비에 끓여 삶고 식혀두세요.

▶ 참치 캔들의 기름은 미리 버려주세요.

▶ 주키니는 애호박으로 대체 가능합니다. 얇게 썰고, 소금 두 꼬집을 뿌린 뒤 10분 정도 두고 물기를 짜주세요.

▶ 레몬은 식초 2T으로, 옥수수는 통조림 옥수수 100g으로 대체 가능합니다.

1 드레싱을 만들기 위해 볼을 준비해주세요. 그 안에 마요네즈, 레몬즙이나 식초, 디종 머스터드를 넣어 잘 섞어주세요.

2 *option* 레몬을 쓴다면 레몬 껍질을 강판에 조금 갈아서 함께 넣어주세요.

3 한번 잘 섞어준 다음, 기름을 빼둔 참치 캔 하나를 넣고 잘 섞어주세요.

4 블랙올리브는 편으로 썰어주세요. 물론 취향에 따라 통으로 써도 되고요.

5 생옥수수를 쓴다면 가스레인지에 겉이 살짝 그을리게
  한차례 구워주세요.

6 뜨거우니 집게로 옥수수를 세우고, 칼로 옆면을 긁듯이
  썰어주세요.

7 식힌 파스타 위에 만들어둔 소스를 넣고 잘 저어주세요.

8 주키니를 제외한 나머지 재료들과 참치 캔 1개를 다 넣
  어줍니다.

9 물기를 뺀 주키니를 먹기 좋게 썰어 올려주세요.

10 파슬리를 뿌려주면 끝!

Salted Pollack Roe Oil Pasta

명란오일파스타

명란크림파스타, 일본인 셰프가 한국의 명란젓과 미국의 스파게티로 만들어낸 레시피예요.

제 레시피는 크림이 아닌 오일로 만드는데, 이와 비슷한 이탈리아 전통 요리가 있어요.

'보타르가(bottarga)', 즉 어란을 오일파스타에 곁들어 먹는 거예요.

우리는 명란으로 만들 거지만 정석대로 보타르가로 만들어도 참 맛있습니다.

하지만 어란은 명란만큼 흔하지 않으니까요!

Ingredients

스파게티 200g

물 450ml

명란 2쪽

마늘 3톨

쪽파 2대

식용유 4T

엑스트라버진 올리브오일 4T

레몬 1/4개

다진 마늘 1t

소금, 후추

Mise en place

▶ 명란은 1인당 한 쪽씩 준비해주세요.

▶ 면과 물은 미리 계량해두세요.

▶ 레몬은 미리 썰어두세요.

▶ 명란과 마늘을 덜어둘 접시를 준비해두세요. 명란은 미리 다져놓은 뒤에 볶아도 좋지만, 통째로 구우면 껍질이 쫄깃해져서 요리의 전체적인 식감에 또다른 레이어를 만들어준답니다!

▶ 식용유 대신 조리용 올리브오일(엑스트라버진 이외)을 써도 됩니다.

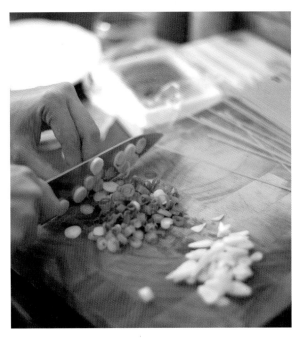

1 마늘과 쪽파를 얇게 썰어주세요.

2 중불에 올린 팬에 식용유를 붓고 기름이 뜨거워질때까지 기다려주세요.

3 명란 두 쪽을 올려 구워주세요. 껍질을 먼저 바싹 구울 겁니다. 구운 껍질이 씹는 식감도 있고 맛있거든요.

4 명란의 한 면이 구워지면 마늘 편을 다 넣고 약불로 내려주세요.

5 마늘이 옅은 밤색이 되면 타지 않게 팬 가장자리로 몰고, 재빨리 명란을 으깨주세요.

6 명란이 노릇노릇해지면 작은 그릇에 마늘과 함께 옮깁니다.

7 같은 팬에 면을 넣어주세요.

8 물을 한번에 넣고 불은 강불로 올려줍니다.

9 이때 다진 마늘 1t과 소금 큰 두 꼬집을 넣어주세요. 보글보글 끓어오르면 불을 중약불로 내린 뒤, 타이머를 9분으로 맞춰줍니다.

10 그 사이에 들러붙어 있는 명란의 속을 흩트려주세요.

11 익을 때까지 면을 자주 저어주는 것 잊지 마세요!

12 타이머가 울리면, 엑스트라버진 올리브오일을 뿌리고 잘 버무려지도록 저어주세요.

13 아까 구워놨던 명란과 마늘, 썰어둔 쪽파를 한꺼번에 넣고 버무려주세요.

14 레몬즙을 내 뿌려주세요. (먹기 직전에 뿌려도 돼요.)

15 재료들이 면 사이사이에 섞이도록 잘 버무려주시면 완성!

Aglio e Olio & Peperoncino

알리오올리오 에 페페론치노

첫 레시피인 알리오올리오가 익숙해져 자신이 생겼다면,
이번 레시피처럼 '트위스트'를 넣어보는 것을 추천드려요.
바로 칠리플레이크와 튀긴 마늘을 올리는 거랍니다!

Ingredients

마늘 6톨

다진 마늘 2t

식용유 4T

엑스트라버진 올리브오일 4T

스파게티 200g

물 450ml

파마산치즈 가루 1T

생파슬리 한 줌

칠리플레이크 약간

소금

option 피시소스/액젓 약간

Mise en place

▸ 마늘은 모두 편으로 썰어주세요. 채칼이 있다면 더 정확히 썰 수 있겠죠?

▸ 면과 물은 미리 계량해두세요.

▸ 마늘 튀긴 기름을 따로 담아둘 작은 볼이나 용기도 준비해주세요.

▸ 생파슬리를 쓴다면 미리 다져두세요. 파슬리 가루를 사용해도 상관없어요.

▸ 식용유는 조리용 올리브오일로 대체 가능합니다.

1 중불에 팬을 올려 식용유 4T을 두르고 달굽니다.

2 팬이 뜨거워졌을 때 마늘 편을 넣고 약불로 줄입니다. 팬을 한쪽으로 기울여 3분간 튀기다시피 익혀주세요. 마늘이 아주 옅은 밤색이 되면 완성이에요.

3 마늘이 노릇노릇 익으면 그릇에 옮겨주고, 기름은 따로 담아두세요. 나중에 다른 볶음 요리에 쓰셔도 좋아요.

4 같은 팬에 면을 넣어주세요.

5 마늘 2톨을 으깨서 넣거나 다진 마늘 2t을 넣어주세요.

6 물을 한번에 넣고 강불로 올려줍니다.

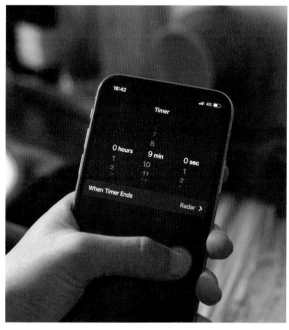

7 큼직한 소금 두 꼬집을 뿌려주세요.

8 물이 끓어오르면 불을 다시 중약불로 내리고, 타이머를
   9분에 맞춰주세요.

9 *option* 이전 레시피처럼 피시소스나 액젓을 몇 방울만 똑똑똑 떨어뜨립니다.

10 타이머가 울리면 강불로 올리고 엑스트라버진 올리브 오일을 4T 정도 듬뿍 둘러 잘 버무려주세요.

11 불을 끄고, 파마산치즈 가루를 넣습니다.

12 3번의 튀긴 마늘과 준비된 파슬리를 넣습니다.

13 칠리플레이크도 원하는 만큼 뿌려주세요.

한두 가지 스텝을 추가해볼수록, 앞으로 점점 업그레이드될 레시피들을 따라 하기 수월해질 거예요.

Spaghetti Alle Vongole

봉골레

이 레시피는 전통 방식대로 만든 것만큼 맛있게 만들 수 있어요.

정말 빨리 끝낼 수 있을뿐더러, 조개의 감칠맛이 좋아 혼자 2인분을 다 먹을 수도 있을걸요?

엄마와 동생이 정말정말 좋아했던 레시피입니다.

Ingredients

모시조개 500g

스파게티 200g

마늘 8톨

쪽파 3대

올리브오일 2T

드라이 화이트와인 60ml

(추천: 피노 그리지오, 소비뇽 블랑)

물 450ml

레몬 1/4개

파슬리 한 줌

엑스트라버진 올리브오일 4T

소금, 후추

option 페페론치노/칠리플레이크 약간

Mise en place

▸ 저는 모시조개와 비슷한 다른 종류를 써서, 여러분이 쓰실 조개와 색이 다를 수 있습니다.

▸ 면과 물은 미리 계량해두세요.

▸ 모시조개는 적어도 1시간 동안 해감해야 해요.

– 찬물이 담긴 볼에 조개가 잠기도록 넣어주세요.

– 소금을 2T 정도 뿌린 뒤 키친타월/까만 봉지로 덮어서 냉장고에 둡니다.

– 1시간 뒤 물을 버리고 흐르는 물에 헹궈주세요.

▸ 와인 대신 소주나 청주, 맛술을 써도 되지만, 나중에 레몬으로 산미를 더해주는 게 좋아요.

1 조개가 해감되는 동안 쪽파를 송송 썰고, 마늘을 까서 편으로 썰어주세요.

2 약불에 팬을 올려 올리브오일을 두르고, 팬이 뜨거워질 때 즈음 마늘을 몽땅 넣고 살살 볶아주세요.

3 마늘 향이 올라오면 면을 넣고, 물을 모두 부은 후 강불로 올려주세요.

4 끓어오르면 중약불로 줄여 타이머를 5분에 맞춰주세요. (아직 소금 간은 하지 말아주세요!)

5 중간중간 면을 흩트려주세요.

6 타이머가 울리면 해감된 조개를 넣습니다.

7 썰어둔 쪽파를 넣어주세요.

8 화이트와인을 둘러주세요.

9 다시 타이머를 4분으로 맞춰주세요.

10 잠깐씩 면을 휘저어주면서, 생파슬리를 쓴다면 지금 다져주세요(미리 다져놔도 됩니다).

11 타이머가 울리면 파슬리를 올려주세요. *option* 페페론치노나 칠리플레이크도 이때!

12 물이 많으면 강불로 올려 수분을 살짝 날려주세요. 이건 취향에 따라 결정합니다.

13 마지막으로 간을 보고, 싱거우면 이때 소금으로 간을 맞춥니다. 저는 큰 꼬집을 한 번 뿌려 버무려주었어요.

14 너무 건조하면 엑스트라버진 올리브오일을 한 바퀴 둘러주세요.

15 먹기 전에 레몬즙 몇 방울을 떨어트려 산미를 더해줍니다.

Bacon Cream Alfredo

베이컨크림알프레도

미국에서 10대 때 자주 접했던 파스타는 크림과 치즈가 잔뜩 들어가서
꾸덕한 알프레도파스타였어요. 치킨알프레도, 베이컨알프레도… 꾸덕할수록 더 맛있죠!
그런데 한국에 와보니 덜 짜고 덜 기름진, 국물이 자작한 크림 파스타가 인기더라고요.
30대가 되면서 저도 좀더 부드러운 파스타가 좋아졌어요.

Ingredients

훈제베이컨 2-3줄
마늘 3톨
버터 1T
링귀니 200g
물 500ml
맛술 2T
생크림 250ml
페코리노/파르미지아노치즈
option 생파슬리 약간

Mise en place

▶ 베이컨은 쓸 만큼 미리 꺼내두시고, 나중에 덜어둘 그릇을 하나 준비해주세요.

▶ 면과 물은 미리 계량해두세요. 저는 링귀니를 썼지만 모든 종류의 면이 다 어울리니 원하는 것으로 준비하세요!

▶ 생크림이나 크림소스를 미리 준비해두세요.

▶ 치즈는 시판 소스를 사용한다면 생략해도 됩니다.

▶ 맛술 대신 소주나 청주, 화이트와인을 써도 돼요. 하지만 다른 것들은 화이트와인에 비해 좀 달 수 있어요.

1 마늘을 편으로 썰고 훈제베이컨도 손가락 마디만큼 얇게 썰어주세요.

2 중약불에 달궈진 팬에 버터 1T을 녹여주세요.

3 그 위로 마늘과 베이컨을 넣고 동시에 달달달 볶아줍니다.

4 마늘과 베이컨이 노릇해지면 따로 접시에 옮겨주세요.

5 같은 팬에 면을 넣어주세요.

6 물을 한번에 붓고 강불로 올려줍니다. 보글보글 끓어오
르면 불을 중약불로 내려주세요.

7 타이머를 8분으로 맞추고 면이 익을 때까지 자주 저어
주세요.

8 *option* 생파슬리를 쓴다면, 면이 끓는 동안 다져주세요.

9 타이머가 울리면 강불로 올린 뒤 맛술 2T을 뿌려주세요.

10 생크림이나 시판 소스를 한꺼번에 넣고 저어줍니다.

11 생크림을 쓴다면 소금으로 간을 해주세요. 치즈를 뿌려도 맛이 심심할 수 있거든요.

12 후추도 입맛에 맞게 충분히 뿌려주세요.

13 불을 끄고 처음에 볶아둔 마늘과 베이컨을 올려주세요.
option 파슬리도 이때!

14 그 위에 취향껏 페코리노치즈나 파르미지아노치즈를
뿌려줍니다.

Beef Brisket Oyster Sauce Pasta

차돌박이굴소스파스타

처음 '퓨전파스타'를 접한 것은 LA에 살 무렵, 그곳의 한 태국 음식점에서였어요.
바로 조개에 굴소스를 넣은 스파게티였죠. 너무 맛있게 먹었는데 이사한 뒤로 먹을 수 없었어요.
수많은 태국 음식점들은 물론, 태국 본토까지 찾아보았지만 그 어디에도 없었어요.
그 식당만의 스페셜 메뉴였나봐요. 어쩔 수 없죠, 직접 만들어보는 수밖에!

Ingredients

부카티니 200g
물 450ml
차돌박이 200g
양파 1/4개
파프리카 1/4개
실파 1-2대
식용유 2T
소금, 참깨

소스

간장 4T
굴소스 2T
다진 마늘 1/2T
물엿 1T
후추 1/4t

Mise en place

▶ 소스를 미리 만들어주세요. 소스 재료들을 그릇에 넣고 잘 섞어주면 끝!

▶ 양파와 파프리카는 길쭉길쭉하게, 실파는 송송 썰어주세요. 양파는 파로 대체해도 맛있어요.

▶ 면은 링귀니나 스파게티 등 긴 종류면 상관없어요.

▶ 면과 물을 미리 계량해두세요.

1 중불에 식용유 2T을 두르고, 양파와 파프리카를 5분 정도 볶아주세요.

2 양파와 파프리카가 익으면 차돌박이를 넣고 재빨리 볶아냅니다. 완전히 익지 않아도 돼요.

3 고기 색깔이 노릇해지면 면을 가운데에 놓고 물을 부어주세요.

4 물이 끓으면 소금을 크게 두 꼬집 넣고 중약불로 불 세기를 조절해줍니다.

5 스파게티면 7분, 링귀니면 9분, 부카티니면 12분으로 타이머를 맞춘 뒤, 면을 잘 저어주며 은은히 끓여냅니다.

6 타이머가 울리면 중불로 올린 뒤, 만들어놓은 소스를 부어 휘리릭 볶아냅니다. 소스가 증발하지 않게 주의하세요. 면이 입맛에 맞게 익으면 불을 꺼주세요.

7 깨와 다진 실파를 고명으로 올려줍니다.

Garlic Shrimp Pasta

갈릭새우파스타

저의 원팬 시리즈에 시동을 걸어준 레시피예요.

정말 간단하지만 맛이 풍부해 많은 분들께 사랑받았어요.

앞선 파스타를 시도해보셨다면 이제 여러분도 기본적인 스텝을 아시겠죠?

Ingredients

링귀니/스파게티 200g

물 450ml

마늘 8-10톨

방울토마토 90-95g

올리브오일 3T

레몬 1/4개

손질된 새우 250g

드라이 화이트와인 6T

생바질 한 줌

소금, 후추

option 파마산치즈 약간

Mise en place

▶ 토마토와 레몬은 미리 씻어주세요.

▶ 면과 물은 미리 계량해두세요.

▶ 냉동 새우를 쓴다면 꼭 해동시켜주세요.

▶ 와인은 소주, 청주, 맛술로 대체 가능합니다.

▶ 생바질을 구하기 어려우신 분들은 시금치로도 대체 가능합니다. 둘 다 없으시면 파슬리 가루나 허브믹스를 사용하셔도 됩니다.

1 마늘은 편으로 얇게 썰고, 토마토는 반으로, 레몬은 1/4로 썰어주세요.

2 중불에 팬을 올려 조리용 올리브오일을 두르세요.

3 기름이 따듯해지면 마늘을 넣고 중약불로 은은하게 볶 아주세요. 타지 않게 조심!

4 마늘 익는 향이 올라오면, 썰어둔 토마토를 넣어주세요.

5 볶으면서 토마토를 지긋이 눌러주면 즙이 나오면서 면 수를 더 맛있게 만들어줍니다.

6 소금 한 꼬집으로 1차 간을 맞춥니다.

7 3-4분 정도 볶다가, 공간을 만들어 면을 넣어주세요.

8 물을 한번에 넣어주고 강불로 올린 뒤, 소금 두 꼬집으로 2차 간을 합니다.

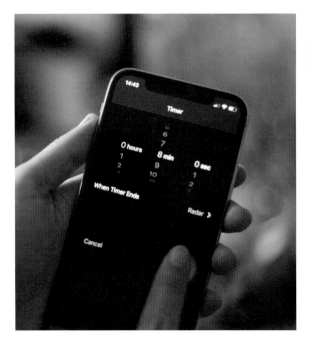

9 보글보글 끓어오르면 불을 중약불로 내려준 후 타이머를 8분에 맞춰줍니다.

10 그동안 바질을 큼직하게 썰어주세요(미리 썰어놓으셨으면 스킵).

11 익을 때까지 면을 저어주세요.

12 타이머가 울리면 중강불로 올리고 새우를 한꺼번에 넣어줍니다.

13 곧바로 와인도 넣어줍니다. 이 상태로 3-4분 정도 익혀
줄 거예요.

14 새우에 열이 가해지고 알코올이 잘 빠져나가도록 팬을
돌리거나 잘 휘저어서 익힙니다.

15 *option* 치즈를 넣으면 감칠맛이 더해집니다. (해물 요리
엔 치즈를 넣지 않지만⋯ 개인적으로 더 맛있어진다고 생각
해요!)

16 불을 끄고 바질을 넣어준 뒤 한번 더 비벼주면 끝! 접시
에 담아 레몬즙을 약간 뿌려주세요.

Baby Plum Tomato & Mozzarella Pasta

방울토마토모차렐라파스타

방울토마토를 쓰는 이유는 그냥 토마토보다 더 달아서예요.

더운 나라는 제철 토마토가 정말 빨갛고 달지만, 영국은 그렇지 않아요.

한국에서도 달다는 토마토를 다 먹어봤지만 따뜻한 지역의 것보다 덜 달더라고요.

그래서 저는 비교적 당도가 높은 방울토마토나 대추토마토를 많이 써요.

Ingredients

스파게티 200g

방울토마토 350-400g

생모차렐라치즈 200-250g

마늘 5톨(다진 마늘 2 1/2t)

생바질 한 줌

식용유 4T

엑스트라버진 올리브오일 4T

드라이 화이트와인 150ml

물엿/올리고당 1/2T

발사믹식초 2T

물 450ml

소금

option 레몬 1/4개

Mise en place

▶ 마늘, 토마토, 바질을 미리 씻어주세요.

▶ 생바질은 시금치나 파슬리 가루 또는 허브믹스로 대체 가능합니다.

▶ 와인은 소주, 청주, 맛술로 대체 가능합니다.

▶ 면과 물은 미리 계량해두세요.

▶ 단계별로 쓸 오일과 식초를 미리 꺼내두세요. 식용유 대신 조리용 올리브오일을 사용해도 됩니다.

▶ 모차렐라치즈의 물은 버려두세요.

1 토마토는 반으로 썰어주시고, 마늘과 바질은 다져주세요.

2 중불에 팬을 올려 식용유나 조리용 올리브오일을 두르고 달궈주세요.

3 썰어둔 토마토를 넣고 볶아주세요.

4 소금 큰 꼬집을 뿌리고 달달 볶으며 토마토들을 짓눌러주세요.

5   토마토 껍질이 쪼글거리면 다진 마늘을 넣고 5분 정도 저으며 달달 볶아주세요.

6   화이트와인을 한번에 부어주세요.

7   올리고당 1/2T을 넣고 잘 녹이며 한번 끓여냅니다.

8   확 끓어오르면 다진 바질을 몽땅 넣고 휘저어주세요.

9 그다음 발사믹식초를 넣고 또 휘저어주세요.

10 *option* 레몬 1/4개의 즙을 내 뿌려주세요.

11 소스가 걸쭉해지면 공간을 만들어 면을 넣어줍니다.

12 물을 한번에 붓고 강불로 올려줍니다. 소금 두 꼬집으로 간해줍니다.

13 물이 끓어오르면 8분으로 타이머를 맞추고 중약불로 내려줍니다.

14 이제 아시죠? 면을 자주자주 흩트려줍니다.

15 건져둔 모차렐라치즈를 재빨리 썰어서 시간이 4분 정도 남았을 때 올려주세요.

16 타이머가 울리면 강불로 올려 입맛에 맞게 수분을 더 날린 뒤, 엑스트라버진 올리브오일을 약간 둘러줍니다.

Chimichurri BBQ

치미추리바비큐

맛있는 숯불바비큐에 샐러드와 감자, 치미추리를 곁들어 먹으면 그게 바로 아르헨티나식 바비큐!

사실 저는 어렸을 때 편식이 정말 심했어요. 옛날에는 잘 먹는 음식이랄 게 거의 없었죠.

그런 제가 유일하게 잘 먹던 게 아르헨티나식 바비큐였어요.

그래서 부모님께서 특별한 날에 아르헨티나 바비큐 집에 데려가곤 하셨답니다.

제가 좋아하던 맛을 여러분께 소개해드릴게요!

Ingredients

돼지 촙스테이크 500g

식용유 4T

치미추리 2T

알감자 500g

적양파 1개

소금, 후추

Mise en place

▶ 치미추리는 48쪽을 참고해주세요. 숙성되면 맛이 깊어지니, 새로 만든다면 요리 1시간 전에는 미리 만들어두세요.

▶ 돼지고기는 키친타월로 물기를 잡고, 소금과 후추 두 꼬집씩(두께 1.5cm 기준) 앞뒤로 밑간해주세요.

▶ 감자는 식용유에 볶듯이 미리 익혀두세요. 알감자가 없으면 보통 감자를 써도 좋지만, 작고 얇게 썰어두면 빨리 익습니다.

▶ 적양파는 얇게 썰어주세요.

1 익힌 알감자에 적양파를 조금 올리고, 치미추리 3t을 잘 섞어주세요.

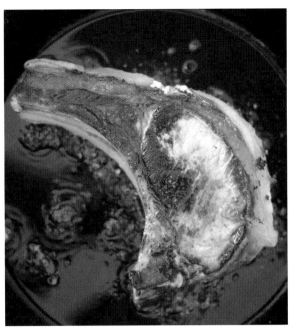

2 강불에 달군 팬에 식용유 4T을 두르고, 고기를 앞뒤로 2-3분씩 구워주세요. 아직 다 익지 않은 상태여야 합니다!

3 치미추리 1T을 고기 한쪽 면에 잘 펴발라주세요.

4 돼지고기가 다 구워지기 전에 썰어둔 양파를 고기 아래에 깔아서 2분 동안 익혀주세요.

5   양파에서 자연스럽게 채수가 나올 거예요. 반투명해질 때까지 굽듯이 익힙니다.

6   팬째로 서빙하고, 먹기 전에 알감자를 주변에 올려주신 뒤 포크로 으깨어 함께 곁들여 드세요!

Cod with Grilled Peppers

훈제파프리카와 대구살스테이크

이 레시피는 메인보다는 곁들이 메뉴에 가까워요. 스페인 타파스에서 영감을 받아 만들어본 레시피거든요.
파프리카와 대구살을 함께 먹는 '바칼라오 콘 피미엔토(bacalao con pimiento)'를 조금 변형해보았어요.
이 레시피를 기반으로 만찬을 준비한다면 메인은 토마토소스 파스타,
곁들일 음료로는 화이트와인이나 프로세코, 카바를 추천드려요!

Ingredients

대구살 500g

홍파프리카 2개

양파 1개

잣 2T

올리브오일 4T

허브믹스/파슬리 가루 1t

맛술 4T

소금, 후추

option 생파슬리 약간

Mise en place

▶ 대구는 흐르는 물에 잘 씻은 뒤 키친타월로 물기를 잡아주세요. 혹시 가시가 있지 않은지 한번 더 확인해주세요.

▶ 파프리카는 잘 씻고 물기를 제거해주세요.

▶ 맛술은 화이트와인으로 대체 가능합니다. 단, 단맛이 덜할 거예요.

1 파프리카의 겉을 태울 거예요. 기름 없이 프라이팬을 강 불에 올려 태워주셔도 돼요. 한쪽 껍질이 까맣게 그을리 면 조금씩 돌려가며 고루 태워주세요.

2 잘 태워진 파프리카를 포일에 감싸서 5분 정도 둡니다.

3 그동안 양파를 길쭉하게 썰어줍니다.

4 토막 낸 대구를 사면 편하지만 저처럼 통대구를 사용한 다면 균등한 덩어리로 썰어주세요.

5 각 면마다 소금 한 꼬집으로 간하고, 껍질째 굽는다면 껍질에 아무 밀가루 1t을 뿌려줍니다. 팬에 닿으면 이 부분이 바삭해질 거예요.

6 2번의 파프리카를 꺼내 껍질을 벗겨줍니다. 칼등이나 키친타월로 문지르면 잘 벗겨져요. 사이사이 껍질이 살짝 남아도 괜찮습니다.

7 껍질이 제거된 파프리카는 양파처럼 길게 썰어주세요.

8 약불에 팬을 올려 올리브오일 4T을 넣고, 기름이 뜨거워지면 양파를 넣고 은은하게 볶아주세요.

9 양파가 연한 밤색이 될 때까지(카라멜라이즈) 15분 정도 볶고, 파프리카를 넣은 뒤 소금을 큼직하게 두 꼬집 뿌려 2분 정도 함께 볶아줍니다.

10 잣도 넣어 1분 더 볶아주세요.

11 불을 중불로 올린 뒤, 팬 중앙에 공간을 만들어 대구살을 얹습니다. 껍질째 쓴다면 껍질이 아래로 향하게 하세요.

12 대구살 위에 허브믹스를 각 1/2t씩 뿌리고 3분 정도 구운 뒤 뒤집어줍니다.

13 맛술 4T을 부어준 뒤, 한번 끓어오르면 약불로 내리고
2분만 그대로 둘게요.

14 팬째로 테이블 중앙에 서빙합니다. *option* 생파슬리를
고명으로 올려주세요.

우연이라기엔 인연이었을

✖ 외래어 표기법상 'Josh'는 '조시'라고 써야 하지만, 여러분과 저에게 익숙한 '조쉬'로
  표기했습니다. 아무래도 조시는 낯설단 말이죠!

○○○

우리가 처음 만난 건 미국 KCON 행사장이었어요. 저는 VIP 케이터링 담당으로, 조쉬는 MC로 갔었어요(이 순간은 그의 영상에 아주 잠깐 나와요). 솔직히 얘기하자면, 유튜브를 그다지 챙겨 보지 않던 시절이라 '영국남자 조쉬'를 몰랐어요. '불닭볶음면 반응' 영상과 맨 첫번째 영상은 제 친구들이 보여줘서 지나가듯이 봤는데, 별 관심이 없어서 '조쉬'라는 인물이 머리에 남지 않았죠. 하지만 행사가 끝나기 하루 전, 제 친구가 문자로 "혹시 '영국남자' 만나면 사진 좀 찍어줄래?"라고 부탁했어요. 그의 인스타그램까지 보여주며 그가 저와 같은 행사에 참석해 있다고 알려주었죠. 저는 가벼운 마음으로 부탁에 응했어요.

케이터링 행사가 끝난 후 시간이 남아서 참석자 대기 공간을 왔다 갔다하는데, 어떤 남자 두 명이 문 쪽에 앉아 있는 걸 봤어요. '저 사람… 왜 이렇게 낯이 익지?' 계속 생각하다가, 갑자기 번뜩! 전날 밤 친구와의 대화가 머릿속을 스쳐갔어요.

'아 맞다! 그 영국남자 조쉬!'

저는 친구의 부탁을 들어주기 위해 자신 있게 그에게 다가갔죠.

"Excuse me, are you… Josh?"

(저기, 혹시 조쉬 아니에요?)

"Eh… Yes!"

(어… 맞아요!)

"Hi! This is Gabie. May I take a picture with you?"

(안녕하세요! 저는 가비라고 해요. 같이 사진 한 장 찍어줄 수 있나요?)

이렇게 굉장히 단도직입적으로 사진을 부탁했어요. 지금 생각하면 좀 무례했죠. 그게 우리의 첫 만남이었어요. 요즘 제가 이 첫 만남을 회상할 때마다 그의 절친인 올리가(왜 매번 이럴 때 올리가 함께 있는 건지 모르겠지만) 이렇게 말합니다.

"그때 굉장히 뻘쭘했어. 나는 쳐다보지도 않고 조쉬한테만 사진 부탁해서. 나 바로 옆에 앉아 있었는데 인사도 안 해주고!"

맞아요, 문 쪽에 앉아 있던 '두' 남자 가운데 한 명은 올리였어요. 미안, 올리. 근데 넌 그때 영상에 거의 안 나왔었잖….

그날 행사에는 유튜버들이 많이 왔어요. 자연스럽게 저와 조쉬, 올리는 유튜브로 대화를 나누었죠. 이때 조쉬가 저에게 채널을 시작하라고 추천했어요. 이런저런 얘기를 하던 중, 제가 얼마나 많은 나라와 도시 사이를 옮겨다녔는지 살짝 이야기했는데 조쉬 또한 비슷한 경험을 했던지라 저한테 바로 호감이 갔다나요. 그래서 제게 카카오톡 연락처를 묻고는 그날 저녁 숙소에서 '파티'를 열 거라며 저를 초대했어요. 그래서 밤새 술 마시고 신나게 놀 생각을 단단히 하고(원래 노는 것을 되게 좋아했어요. 지금은 몸에 한계가 와서 집순이가 됐지만…) 그들의 숙소로 갔죠. 그런데 이게 웬걸, 파티라면서 그곳에는 맥주 한 캔조차 없었어요.

'내가 너무 일찍 왔나?' 그때 시간이 아마 오후 7-8시 사이였을 거예요.

'그래, 파티라는 건 10시부터가 시작이니까!'

뒤이어 도착한 조쉬의 친구인 조엘과 김영철 사진작가와 인사를 나누었어요. 그리고 이야기를 시작했죠. 그런데 당시에 영국 악센트가 너무 낯설어서, 솔직히 그들이 하는 대화의 반은 못 알아들었어요. 그래서 어떤 대화를 했는지는 기억이 하나도 안 납니다. 하지만 이 대화는 아주 또렷이 기억해요!

"그런데 왜 이렇게 술이 없어?"

"그러게. 그럼 맥주 좀 사러 가자!"

조쉬가 저와 친구들을 끌고 동네 마트에 갔습니다. 그런데 딱 맥주 한 캔씩만 사고 돌아와서는 곧 하나둘 피곤하다면서 자러 들어가는 거예요. 안 그래도 썰렁한데 더 썰렁해지자 저도 눈치껏 택시를 부르고는 호텔로 돌아가겠다고 했어요. 속으론 '도대체 왜 파티라고 한 걸까?' 의문을 가득 띄우면서 말이죠.

10년이 지나고 그이의 친구들이 말하길, 조쉬는 그날 친구들과 상의도 없이 저를 초대했던 거라고 합니다. 저와 더 대화를 나눠보고 싶어서. 하지만 조쉬, 그날 조엘이 더 말이 많았어….

물음표로 가득했던 첫 만남을 뒤로하고 저는 다시 한국으로 귀국했고, 조쉬는 시리즈 콘텐츠를 찍으러 미국으로 로드트립을 떠났어요. 친구들의 증언(?)에 따르면 조쉬는 여행중에 카메라가 꺼져 있는 모든 순간 핸드폰을 손에 놓지 않을 정도로 카톡을 많이 했대요. 카톡의 주인공은 바로 저였죠. 물론 저도 하루종일 눈 떠서 감을 때까지 그와 문자를 주고받았습니다.

한 달 후, 우리에게 정말 놀라운 일이 있었어요. 조쉬가 한국으로 촬영차 들어올 무렵 저는 또(!) 이사를 준비하고 있었어요. 작은 오피스텔에서 지내다가 용산 쪽에 더 큰 공간으로 이사를 가기로 했거든요. 그때까지만 해도 저와 조쉬는… 썸을 타고 있긴 한데… 이 남자, 도통 속을 모르겠더라고요. 그저 성격이 활발해서 저와 문자를 주고받는 건지, 내가 문자를 너무 많이 하는 건지, 부담스러운데 티를 안 내는 건지. 모든 것이 긴가민가했습니다. 한국에 들어왔으면서 저한테 문자 한 통 없던걸요! 그래서 (제 기억으로는) 제가 은근슬쩍 먼저 문자를 보냈어요.

Gabie	한국 도착했어?
Josh	엉 도착했지. 6시쯤? 친구들이랑 만나서 저녁 먹고 숙소 가려고.
Gabie	보통 한국 오면 어디서 지내는데?
Josh	일단은 아는 형 집에서 지내기로 했어, 올리랑. 용산 근처?
Gabie	그래? 신기하다. 나도 그 동네로 이사 가는데!
Josh	어디?
Gabie	용산인데, 삼각지라고 그 역 바로 앞으로 이사 가.
Josh	삼각지??! 잠깐, 나도 삼각지 쪽인데??? 어디 빌딩?
Gabie	D 빌딩!
Josh	대박!

각본처럼 말도 안 되는 일이 일어났어요. 조쉬가 한국에 잠깐씩 올 때 지내던 곳이, 제가 이사 가는 곳이었어요. 더 소름 돋았던 일은…

Josh   야야… 너 설마… ××동이야?

Gabie   헐

Josh   이게 뭐야… 미쳤다ㅋㅋㅋㅋㅋㅋ

Gabie   나 27층인데… 넌 몇 층?

Josh   27층이라고?!? 난 29층인데??? 대박

Gabie   대박ㅋㅋㅋㅋ 말도 안 돼ㅋㅋㅋ

우연인가, 인연인가. 이런 우연이 어떻게 맞아떨어질 수 있을까? 살면서 이런 우연이라면 우연, 인연이라면 인연은 처음이었어요. 조쉬 또한 믿을 수 없다고 했죠. 대체 뭐지, 하늘의 뜻인가 장난인가? 이 사람이… 내 짝인가?

그후 한 달을 더 그와 그이의 친구들이랑 마치 오래 봐온 사람들처럼 어울렸어요. 하지만 단 한 번도 둘이서만 시간을 보내본 적이 없었죠. 조쉬는 단둘이 있는 타이밍을 항상 피했어요. 한 달간 마음이 엄청 싱숭생숭했죠. 이때까지만 해도 저는 혼자 짝사랑하고 있다고 확신했어요. '짝사랑이면 뭐 어때? 그냥 좋아하고 말자'라는 마음까지 먹었다니까요.

조쉬와 한국에서 시간을 보냈던 그해 9월 말, 드디어 조쉬가 집 앞에서 단둘이 얘기하자고 불렀어요. 저희는 이날 남산의 해질녘을 보며 3시간 동안 긴 얘기를 나눴죠. 연애와 결혼에 대한 가치관, 각자 과거에 어떤 상대에게 어떤 상처를 줬고 또 받았는지 그리고 제일 궁금했던, 왜 여태 둘만의 시간을 피했는지…. 알고 보니 그는 장거리 연애의 무게가 부담스러웠다고 해요. 그에게 저는 항상

보고 싶고 본인이 기다려오던 '결혼할 여자 상'이었지만, 무턱대고 우리 상황에 연애를 시작하기엔 조심스러웠답니다. 그런데 한편으론 더 알아가고 싶어서, 일단 친구처럼 만나듯 항상 누군가를 동반해서 만난 거라고 하더군요.

'이 남자, 연애를 너무 복잡하게 생각하는구나…' 조쉬는 머리가 복잡한 20대 중반 남자였습니다. 하지만 저는 아니었죠. 조쉬가 고민하는 동안 저는 스스로의 감정에 확신을 더해놓고 있었으니까요! 그렇게 우린 시작부터 굉장히 진지하게 연애의 스타트를 끊었습니다.

저희는 '롱디(Long Distance Relationship, 장거리 연애)'였기 때문에 우리 사이가 어떻게 될지 모른다는 불확실한 마음이 컸어요. 그래도 일단 가치관과 마음이 맞아 대화가 잘 통하고, 자란 배경이 특이해 우리 둘만이 이해할 수 있는 'TCK(Third Culture Kid, 제3문화 아이들, 어릴 때 2개 이상의 문화권을 경험하고 자라서 문화적으로 어느 나라에도 속하지 않는 사람들)' 입장이었으니, 거리 빼곤 다 맞으니까 될 대로 되리라는 생각이었습니다.

그리고 1년 동안 우리는 여러 고민을 하며 관계를 이어갔죠.

장거리 연애를 계속할 만큼 우리는 각자 인생의 비슷한 단계에 서 있을까? 결혼할 사이가 아니라면 무엇을 보고, 이 힘든 장거리 연애를 이어가야 하지? 이 관계가 내 미래를 막고 있는 건가 아니면 오히려 좋은 영향을 주고 있는 건가?

확실히 20대 후반에 하는 연애라 1년 내내 머리가 복잡했어요. 서로가 그랬죠. 그래서 우리 사이를 굳이 SNS에 공개하지 않았어요. 미래를 스스로 개척해나가고 싶었으니까, 또한 제 자존심에 '영국 남자 조쉬의 여자친구'로 알려지기 싫기도 했었으니까(하지만 가끔 조쉬의 채널에 사랑이 담긴 여인들의 댓글을 보면 갑자기 질투가 나서 누가 봐도 뻔히 내 남자라고 느껴지게 글을 포스팅했던 적도 있었죠. 지금 되돌아보면 왜 그랬나 싶지만, 누구나 과거의 나를 이해 못할 때도 있잖아요?). 그렇게 파란만장(?)한 영국-한국 장거리 연애를 한 지 1년. 제 생일날 다시 한번 아주 깜짝 놀랄 일이 있었죠.

PASTA

Zucchini Pasta

애호박파스타

여름에 잘 어울리는 파스타예요. 애호박으로 만들어도 좋고, 주키니로 만들어도 맛있어요.
이번 레시피에서 저는 칼을 사용하지 않고 이케아(IKEA) 강판을 사용했어요. 얇게 썰 때 강판이 있으면 편하죠.
꼭 치즈 강판이 아니라 채칼로도 쉽게 채 썰 수 있습니다. 한번 칼 없이 요리를 해볼까요?

Ingredients

주키니/애호박 2개
마늘 4톨
생크림/휘핑크림 200ml
파마산치즈 가루 4T
스파게티 200g
물 450ml
올리브오일 6T
소금, 후추

Mise en place

▸ 각 채소를 잘 씻어서 물기를 닦아줍니다.

▸ 면과 물, 크림은 미리 계량해두세요.

▸ 파마산치즈는 덩어리를 쓴다면 미리 갈아두세요.

1 주키니는 얇게 채 썰어주세요. 저는 길쭉하게 하나, 짧게 하나 썰었습니다.

2 키친타월에 썰어둔 채소를 올리고 소금 세네 꼬집을 뿌려줍니다. 이대로 10분 정도 기다릴 거예요.

3 그동안 마늘도 강판을 사용해 편으로 썰어주세요.

4 물기가 배어나온 주키니를 타월로 감싼 채 잘 짜주세요.

5 중약불에 올리브오일 2T을 두르고, 달궈졌으면 마늘을 넣어 1분 동안 은은히 익혀주세요.

6 같은 팬에 면을 넣어주세요.

7 물을 부은 후 강불로 올려주고, 끓어오르면 불을 중약불로 내리면서 타이머를 8분으로 맞춰줍니다.

8 면이 익을 때까지 자주 저어주세요.

9 타이머가 울리면 주키니를 전부 넣어주세요.

10 올리브오일을 고루 뿌려줍니다.

11 불을 중불로 올리고, 면과 주키니를 잘 섞어주세요.

12 생크림을 부은 후 곧바로 섞어주세요. **11**번과 **12**번이 최대 2분 내로 진행되어야 소스가 과하게 익지 않아요!

13 불을 끄고 미리 준비해둔 파마산치즈 가루와 후추를
1/2t 정도만 뿌려 잘 버무립니다.

14 마지막으로 레몬즙을 뿌려주세요.

15 더욱더 상큼하고 향기롭게 즐기시려면, 레몬 껍질을 갈
아서 제스트도 약간 넣어줍니다.

Spicy Seafood Arrabbiata Pasta

해산물아라비아타파스타

해산물은 토마토소스와 궁합이 좋습니다. 토마토 특유의 시큼한 향이 해산물의 풍미를 더 살리기 때문이죠.
하지만 매콤한 아라비아타소스를 사용해 해산물파스타를 만들면,
향은 돋구면서 비린내를 확실하게 잡을 수 있어 더욱 깔끔한 맛을 즐길 수 있어요.

Ingredients

스파게티/링귀니 200g
물 500ml
마늘 5-7톨
모둠 해산물 200g
아라비아타소스 5-6T
소금, 후추
option 바질 한 줌

Mise en place

▸ 냉동 해산물을 쓴다면 찬물에 담가 미리 해동시켜주세요. 신선한 재료를 쓴다면 물에 담가놓지 마시고, 흐르는 물에 깨끗이 헹구어만 줍니다.

▸ 아라비아타소스는 시판 제품이나 42쪽을 참고해 만들어주세요.

▸ 면과 물은 미리 계량해두세요.

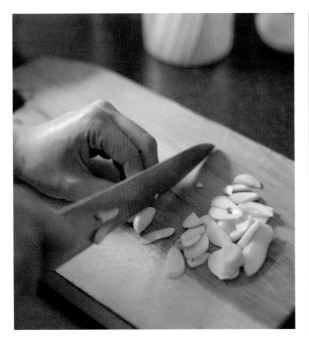

1 마늘을 편으로 썰어주세요.

2 강불에 팬을 올리고 물을 전부 부은 뒤, 면을 넣어주세요(소금 간도 미리 두 꼬집으로). 물이 끓어오르면 불을 중약불로 내리고, 타이머를 7분으로 맞춰주세요.

3 타이머가 울리면 마늘과 해산물을 전부 넣고 강불로 올려줍니다.

4 만약 재료들에 수분감이 많이 날아간 상태라면 물을 살짝만 더 부어주세요.

5 물이 보글보글 끓으면 준비해둔 아라비아타소스를 넣고 잘 저어주세요.

6 타이머를 3분으로 맞춰주세요. 그동안 계속 저어줍니다. 이때 싱거우면 소금을 크게 한 꼬집 뿌려 간을 맞춰주세요.

7 면이 취향에 맞게 익었다면 불을 꺼주세요.
option 바질이 있다면 함께 올려주세요.

8 후추도 입맛에 따라 뿌려주세요.

Mussel Cream Pasta

홍합크림파스타

저는 홍합스튜를 굉장히 좋아하는데, 제일 좋아하는 건 크림홍합스튜예요.
시원한 맥주 안주로 딱이죠. 홍합탕과 소주의 궁합이랄까? 홍합스튜는 보통 감자튀김을 곁들여 먹는데요.
어느 날 스튜만 먹자니 배가 안 찰 것 같고, 감자튀김은 번거로우니 면을 넣어보았죠.
그래서 소스가 자작한 파스타가 되었답니다.

Ingredients

홍합 700g

베이컨 2-3줄

마늘 6-8톨

파 3대

올리브오일 2T

드라이 화이트와인 150ml

링귀니/스파게티 200g

물 350ml

생크림 150-200ml

소금, 후추

option 페페론치노/칠리플레이크 약간

Mise en place

▶ 손질된 홍합을 샀다면 해감만 하면 됩니다. 가끔 홍합 털이나 조개껍질에 붙은 잔해물이 있으니 잘 손질한 후 해감시켜주세요. 이 단계는 조리 몇 시간 전에 미리 해둡니다.

▶ 베이컨은 작게 썰어주세요.

▶ 파는 송송송, 마늘은 편으로 썰어주세요.

▶ 물과 면, 생크림을 미리 준비해두세요.

1 중불에 달궈진 팬에 올리브오일을 두르고 베이컨을 볶아줍니다.

2 베이컨이 노릇노릇 구워지면 마늘과 파를 한꺼번에 넣고 볶아주세요.

3 파가 흐물흐물해지면 홍합을 넣어주세요.

4 *option* 페페론치노나 칠리플레이크를 1/2t 정도 살짝 뿌려줍니다.

5   화이트와인을 넣은 뒤 강불로 올려주세요.

6   와인이 한번 끓어오르면 공간을 만들어 면을 중간에 넣습니다.

7   물을 한꺼번에 붓고, 끓어오르면 중약불로 내려줍니다.

8   타이머를 8분에 맞춘 뒤, 그동안 자주 면을 흩트리고 홍합도 고루 퍼트려주세요.

9 타이머가 울리면 생크림을 넣고 섞어주세요.

10 취향에 따라 생크림을 더 넣어도 됩니다. 단, 한번 더 간
을 보시는 것을 잊지 마세요!

Pork Belly Carbonara

삼겹살카르보나라

2015년 제주도에서 처음 접한 요리예요. 아이러니하게도 유럽이 아니라 제주에서 먹었던
이 카르보나라가 제 최애 카르보나라가 됐습니다. 항상 그 식당을 알리고 싶었는데,
오너 셰프들께서 절대 알리지 말아달라고 신신당부하셨어요. 조용히 여유롭게 운영하시고 싶다고요.
원래 숯불에 초벌한 삼겹살을 사용해야 하지만, 간단하게 바꾸었어요!

Ingredients

삼겹살 300g

마늘 4톨

대파 1/2대

스파게티 200g

물 450ml

식용유 4T

엑스트라버진 올리브오일 2T

달걀 2개

파르미지아노/파마산치즈 가루 2T

페페론치노 약간

소금, 후추

Mise en place

▶ 삼겹살이 냉장 보관되어 있다면 꺼내서 실온에 15분 정도 둡니다.

▶ 면과 물은 미리 계량해두세요.

▶ 치즈 덩어리를 쓰신다면 미리 갈아두세요.

▶ 달걀 하나는 노른자를 분리해주세요.

1 삼겹살을 한입에 먹기 좋은 크기로 썰어주세요.

2 마늘은 편으로 썰어주고, 파도 얇게 썰어줍니다.

3 미리 소스를 만듭니다. 달걀 하나와 달걀노른자 하나를
잘 풀어주세요.

4 파르미지아노나 파마산치즈 가루 2T을 넣고 잘 섞은
후 파를 넣어줍니다.

5 중불에 뜨겁게 달궈진 팬에 삼겹살과 식용유를 넣고 구 워주세요.

6 소금 두세 꼬집으로 충분히 간을 해주세요.

7 삼겹살 속까지 바싹 익혀줍니다.

8 삼겹살이 거의 익었을 때쯤 마늘을 넣고 같이 볶아주 세요.

9 노릇노릇해지면 접시에 덜고 그 위에 후추를 좀 뿌려주
세요.

10 팬을 씻거나 닦지 말고, 눌어붙은 자국이 있는 상태에
면을 넣어주세요.

11 물을 부은 후 강불로 올리고, 끓어오르면 중약불로 불을
조절하고 타이머를 7분에 맞춥니다.

12 익을 때까지 면을 자주 저어주세요.

13 타이머가 울리면 불을 켠 채로 엑스트라버진 올리브오일 2T을 두르고 빠르게 섞어줍니다. (이때 물이 있어야 나중에 크림화가 잘 됩니다.)

14 매콤함을 원하시면, 페페론치노를 좀 넣어주세요.

15 면이 익었으면 불을 끄고 구워둔 삼겹살과 마늘을 넣어주세요.

16 팬에서 연기가 안 날 때쯤, 4번을 부어 잘 버무려줍니다. 불이 켜져 있거나 뜨거울 때 넣으면 달걀이 익으면서 덩어리지니 조심하세요!

Kimchi Pasta

김치파스타

어릴 적에 본 어느 TV 프로그램에서 배우 겸 가수 엄정화 님께서 이 김치파스타를 만드셨어요.
그 당시 신선한 충격을 크게 받았는지 그 장면이 아직도 기억이 나요.
그래서 자취할 때, 소면은 없는데 파스타 면이 있으면 종종 해 먹곤 했지요.
소스에 크림을 넣어도 맛있으니, 다시 이 메뉴가 뜬다면 '로제김치파스타'라고 하지 않을까요?

Ingredients

김치 80g
대패삼겹살 50g
스파게티/링귀니 200g
물 450ml
생크림/휘핑크림 100ml
토마토소스 1T
깻잎 약간
소금, 후추, 참깨
option 간 파마산치즈 1T

Mise en place

▶ 김치는 물기를 빼서 준비하고, 맛김치가 아니라면 먹기 좋게 가위로 톡톡 잘라주세
요. 쉰 김치는 신맛이 강해 크림과 안 어울리니 적당히 익은 김치로 준비합니다.

▶ 면과 물, 크림을 미리 계량해두세요.

▶ 토마토소스는 시판 제품을 쓰지 않는다면 40쪽을 참고해주세요.

▶ 저는 파마산치즈를 갈아 크림에 섞어두었는데, 옵션이니 없다면 패스!

▶ 삼겹살과 김치를 덜어둘 접시와 키친타월을 준비해주세요.

1 중불에 팬을 달군 다음 삼겹살을 먼저 구워주세요.

2 삼겹살이 잘 익었으면 소금 한두 꼬집과 후추를 뿌리고, 키친타월 위로 옮겨주세요.

3 팬을 닦지 않고 그대로 김치를 살짝만 볶아줍니다. 너무 흐물거리지 않고 살짝 아삭하게끔 볶은 뒤, 삼겹살 옆에 함께 덜어둡니다.

4 같은 팬에 파스타를 놓고 물을 부은 후, 강불로 올려 타이머를 7분에 맞춰줍니다.

5 타이머가 울리면 불은 중약불에 맞추고, 계량해둔 크림
   을 한번에 부어주세요.

6 그다음 토마토소스 1T을 넣고 잘 섞어줍니다.

7 볶은 김치를 넣은 뒤, 간을 보았을 때 싱거우면 소금을
   더 넣어주세요. 여태까지 소금을 안 뿌린 이유는 김치
   양념에 간이 되어 있기 때문이죠.

8 깻잎을 썰어서 곁들이면 더 풍부한 맛을 느낄 수 있어
   요. 삼겹살도 올리고 참깨까지 뿌려주면 완성!

Fresh & Spicy Mackerel Pasta

고등어파스타

런던에서 가장 유명한 요리는 피시앤칩스고, 도시가 바다로 둘러싸여 있지만

해산물을 접하기 어려운 게 참 아이러니해요. 저는 여기서 신선한 고등어를 찾으려면 먼 발걸음을 해야 하죠.

하지만 한국은 어느 마트에나 고등어가 항상 있죠. 게다가 저처럼 포를 뜰 필요도 없을 거고요!

이번에는 (영국에서는 귀한) 싱싱한 고등어로 상큼하면서도 매콤한 파스타를 만들어볼 거예요.

Ingredients

고등어 1마리

스파게티 200g

물 450-500ml

쪽파 4대

레몬 1개

케이퍼 2t

칠리플레이크 1-2t

화이트와인 4T

루꼴라 한 줌

식용유 2-3T

엑스트라버진 올리브오일 80ml

소금, 후추

Mise en place

▶ 냉동 고등어를 쓴다면 해동시켜주시고, 생고등어라면 잘 씻은 뒤 키친타월로 감싸 수분을 최대한 흡수시켜주세요. 그다음 생선 가시를 잘 발라주세요.

▶ 고등어를 덜어놓을 그릇을 준비해주세요.

▶ 쪽파는 송송 썰어주세요.

▶ 레몬 1/2개의 껍질을 필러로 벗겨줍니다. 이때 흰 부분은 쓴맛이 나니 피해주세요!

▶ 케이퍼가 없으면 올리브 5개를 편으로 썰어주세요.

1 중불에 팬을 달군 후, 식용유 2-3T을 두르고 고등어를 올려서 익혀주세요.

2 소금, 후추로 밑간을 해주고, 껍질 쪽이 바삭해지면 뒤 집어주세요. 1분만 더 굽고 그릇에 옮겨주세요.

3 같은 팬에 썰어놓은 쪽파의 반을 1분간 볶아주세요.

4 그다음 화이트와인을 둘러주세요.

5 한번 확 끓어오르면 면과 물, 벗겨놓은 레몬 껍질을 넣고, 강불로 올려주세요. 보글보글 끓기 시작하면 중약불로 내리고, 타이머를 8분으로 맞춰줍니다.

6 면이 익을 때까지 자주 저어주고, 타이머가 울리면 레몬 껍질을 건져주세요.

7 올리브오일을 골고루 둘러준 뒤 잘 섞어주세요.

8 면에 오일이 잘 버무려졌다면 레몬즙도 뿌려줍니다.

9 나머지 쪽파와 케이퍼, 칠리플레이크를 넣어줍니다. **10** 1분간 잘 섞으며 볶아주세요.

11 면이 익었으면 불을 _끄고_ 루콜라와 고등어를 올려주세요. *option* 조금 더 상큼한 맛을 원하면 한번 더 레몬즙을 뿌려주세요.

12 남은 레몬 껍질을 갈아 고등어 위에 뿌려줍니다.

Cream Pesto Chicken Breast Pasta

크림페스토닭가슴살파스타

향긋한 허브가 잔뜩 들어간 페스토가 크림과 만나면 맛의 레이어가 더 다양해져 맛있는 파스타를 먹을 수 있죠.
저는 푸실리 룽기(Fusilli Lunghi)로 만들었지만, 이 레시피에는 모든 파스타 면 종류가 다 어울려요.
참고로 제가 사용한 닭가슴살은 각 170g이어서, 만약 더 큰 살코기를 사용하신다면
페스토와 올리브오일을 조금씩 더 사용해 양념해주셔야 해요!

Ingredients

닭가슴살 2조각
↘ 시금치/케일페스토 4T
↘ 올리브오일 4T
↘ 레몬 1/2개
파스타 면 200g
물 600~700ml
생크림/휘핑크림 150ml
시금치/케일페스토 200g
소금, 후추
option 파마산치즈 1-2T

Mise en place

▸ 페스토는 44쪽을 참고해 준비하거나 시판 제품을 이용하세요.

▸ 펜네나 푸실리 등 쇼트파스타를 사용하시면 180g으로 준비해주세요.

▸ 닭가슴살에 페스토 1T을 골고루 바르고, 모든 면에 골고루 올리브오일을 1T씩 뿌려주세요. 전체적으로 레몬즙을 두르고, 최소 30분 동안 재워둡니다.

▸ 물과 크림은 미리 계량해두세요.

1 중불로 달군 팬에 기름을 두르지 않고, 양념에 재워둔 닭가슴살을 바로 올려줍니다.

2 양념에 올리브오일이 들어가 있어서 바로 구울 수 있어요. 남은 양념도 전부 긁어 부어주세요.

3 각 면마다 4분씩 구워줍니다. 한쪽이 다 구워졌을 때, 팬에 눌어붙은 양념이 타지 않도록 물 150-200ml 정도를 부어주세요. (이때 연기가 많이 날 수 있으니 주의!)

4 팬에 눌어붙은 면을 긁어내 물에 녹여줍니다. 자연스럽게 육즙 향이 담긴 주(jus)가 만들어진답니다.

5 나머지 한쪽 면을 뒤집고 4분 정도 더 구워 속까지 익히고, 포일을 깐 접시에 담아 잘 싸줍니다.

6 키친타월로 팬을 한번 닦아내고, 그 위에 남은 물(450-500ml)을 전부 부은 후 강불로 올려줍니다.

7 준비해둔 면을 올린 뒤, 물이 끓어오르면 중약불로 줄이고 소금을 한 꼬집 뿌려주세요. 그다음 면이 익을 때까지 삶아줍니다.

8 그동안 가슴살을 먹기 좋게 썰어주세요.

크림페스토닭가슴살파스타 ─── 177

9 면이 입맛에 맞게 익었으면, 페스토(200g)를 넣고 골고루 비벼주세요.

10 그리고 계량해둔 크림을 넣어줍니다.

11 크림에 적당히 따듯해지면(끓어오르면 안 돼요!) *option* 파마산치즈 가루 1-2T을 넣어줍니다.

12 파스타 위에 썰어둔 닭가슴살을 올려줍니다. 레스팅되면서 생긴 포일 속 육즙도 함께 넣어주면 향이 더욱더 강해집니다.

Squid & Tomato Pasta

오징어토마토파스타

이 레시피는 앞선 해산물아라비아타파스타의 업그레이드 버전이에요.

지난번처럼 아라비아타소스를 사용해도 되고, 기본 토마토소스를 사용해도 상관없어요.

혹시 지난번 파스타에 감칠맛을 더욱더 내고 싶으신가요?

그럼 오징어 한 마리를 통으로 사용해봅시다!

Ingredients

스파게티/링귀니 200g

물 450ml

오징어 1마리

화이트와인 70ml

방울토마토 90-95g

마늘 4톨

양파 1개

모둠 해산물 150g

토마토퓌레 150-200ml

올리브오일 2T

생바질/시금치 한 줌

소금, 후추

Mise en place

▸ 손질된 오징어가 아니라면 눈과 입, 내장을 제거하고 깨끗이 헹궈주세요.

▸ 모둠 해산물이 냉동이라면 미리 해동시켜놓으시고, 생이라면 물에 헹궈주세요.

▸ 화이트와인은 소주나 청주로 대체 가능합니다.

▸ 면과 물을 미리 계량해서 준비해두세요.

1 오징어는 칼집을 내주세요. 원 모양으로 완전히 썰어도 상관없어요.

2 양파는 다지고, 마늘은 편으로, 토마토는 반으로 썰어주세요. 바질이나 시금치도 미리 준비해둡니다

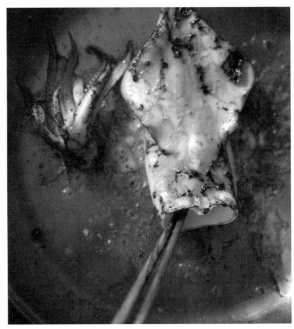

3 중불에 달군 팬에 올리브오일 1T을 두르고 오징어를 구워주세요. 이때 소금 간도 해줍니다.

4 2-3분 안에 양면을 익혀주세요. 너무 오래 익히면 질겨져 씹기가 힘들어요.

5 오징어를 접시에 옮겨 담은 후, 팬에 눌어붙은 자국을 그대로 두고 다시 올리브오일 1T을 뿌려 다진 양파를 3분간 볶아주세요.

6 화이트와인을 두르고 눌어붙은 면을 녹여줍니다. 이 과정을 데글레이즈(deglaze)라고 해요. 소스의 맛을 내는 비법이죠!

7 양파가 반투명해지면 썰어둔 토마토와 마늘을 넣어주세요. 토마토를 살짝 짓눌러 볶아줍니다.

8 또다시 3분 뒤에 파스타를 넣을 공간을 벌리고 면을 넣어주세요.

9 준비해둔 물을 넣어주세요.

10 그리고 바로 해동된 모둠 해산물을 넣습니다.

11 한차례 소금 간을 해주세요. 저는 크게 두 꼬집 넣어줬습니다.

12 타이머를 8분으로 맞추고 끓어오를 때까지 강불에 둡니다. 끓어오르면 중약불이나 약불로 내려주세요. 중간 중간 면을 저어주시는 것 잊지 마시고요!

13 타이머가 울리면 덜어둔 오징어에서 나온 육즙만 먼저
부어주세요.

14 토마토퓌레를 넣어줍니다. 수분기가 너무 적다면 40-
50ml 정도 더 넣어도 돼요.

15 잘 버무려준 뒤에 오징어와 바질을 올려줍니다.

Salmon Cream Pasta

연어크림파스타

영국 사람들은 해산물을 잘 안 먹지만, 그나마 많이 섭취하는 생선이 연어예요.

연어와 대구살, 손질된 새우는 마트에서 쉽게 찾을 수 있지만, 신선한 조개류와 갑각류는 드물어요.

그래서 제가 한국에 입국하자마자 찾는 게 바로 낙지, 생선구이, 해산물이 듬뿍 들어간 국물 요리랍니다.

Ingredients

연어 300-350g

링귀니 200g

물 450ml

버터 1 1/2T

생크림/시판 소스 200ml

마늘 4-5톨

시금치 70-80g

파마산치즈 가루 2T

소금

option 블랙올리브 50g

Mise en place

▸ 이 레시피엔 껍질 없는 연어가 더 어울리는 것 같아 껍질을 벗겨냈어요.

▸ 시금치는 깨끗이 씻어주세요.

▸ 마늘은 다져주시고, 올리브를 쓰신다면 편으로 썰어두세요.

▸ 면과 물은 미리 계량해두세요.

▸ 생크림이나 시판 크림소스를 미리 준비해두세요.

▸ 버터는 식용유 3T으로 대체 가능합니다.

1 연어의 껍질을 벗기고 키친타월로 물기를 닦아냅니다.

2 앞뒤로 소금 한 꼬집을 뿌려주세요.

3 중불에 달군 팬에 버터 1T(식용유 2T)을 녹여주세요.

4 연어는 처음에 2분, 뒤집어서 1분 30초 동안 구워주세요(몸통 부위는 처음 3분, 뒤집어서 2분).

5 구워진 연어는 따로 접시에 담아두세요. 키친타월을 깔
고 올리면 기름을 잡을 수 있어요.

6 같은 팬을 중약불에 올리고 버터 1/2T(식용유 1T)을 녹
인 후 다진 마늘을 1분 정도 볶아주세요.

7 면을 넣어주세요.

8 물을 한번에 넣고 강불로 올려줍니다.

9 끓어오르면 중약불로 내려준 뒤, 타이머를 7분으로 맞 춰줍니다.

10 소금 두 꼬집을 뿌리고, 익을 때까지 면을 자주 저어주 세요.

11 그동안 구운 연어는 포크나 손을 이용해 먹기 좋은 크 기로 찢어주세요.

12 생크림에 파마산치즈 가루와 후추를 뿌리고 저어두 세요.

13 타이머가 울리면 팬에 시금치를 한꺼번에 넣어주세요.

14 12번도 한번에 붓고 잘 버무려줍니다.

15 시금치 숨이 죽으면 간을 보고, 싱거우면 파마산치즈
1T이나 소금으로 간을 맞춰주세요.

16 *option* 편으로 썬 올리브를 올려주세요.

17 불을 끄고 연어를 올려줍니다.

18 취향에 따라 치즈를 추가로 갈아서 올리면 풍미가 더 좋아져요!

Steak Cream Pasta

스테이크크림파스타

남녀노소 누구나 좋아하는 파스타. 어느 레스토랑에서 스테이크 시켰을 때

크림파스타가 곁들이로 나오는 걸 보고 생각해냈던 원팬 레시피예요.

고기와 파스타를 함께 즐기는 든든한 요리입니다.

Ingredients

소고기 안심/등심 300-400g

링귀니 200g

양파 1/4개

마늘 2톨

생크림 200ml

파마산치즈 가루 2T

화이트와인 4T

식용유 2T

물 450ml

소금, 후추

option 로즈메리 1대

영양부추 2-3대

칠리플레이크 약간

Mise en place

▶ 파마산치즈와 생크림, 후추 약간을 섞어서 소스를 미리 준비해둡니다.

▶ 스테이크용 소고기는 냉장고에서 꺼내 실온에 20분 정도 두세요. 그후 앞뒤로 소금 간을 해줍니다.

▶ 양파는 다져놓고, 마늘은 편으로 썰어주세요.

▶ 영양부추는 파슬리로 대체 가능합니다.

1 강불에 달군 팬에 식용유 2T을 두르고 스테이크를 구워주세요. *option* 로즈메리와 함께 구우면 향기로워요.

2 미디엄레어를 원하시면 각 면마다 대략 2분에서 2분 30초간 강불에 구워주세요.

3 구워진 고기를 레스팅할 거예요. 포일에 옮겨서 후추 간을 한 뒤 감싸놓습니다.

4 불을 중불로 맞춘 뒤, 사용한 팬을 닦지 않고 바로 양파를 볶아줍니다.

5 양파가 반투명해지면 마늘을 넣고 살짝 볶습니다.

6 팬이 타지 않게 화이트와인 4T을 뿌려서 데글레이징합니다.

7 면을 넣어주세요.

8 물을 붓고 강불로 올린 뒤, 끓어오르면 중약불로 줄여주세요.

9 이때부터 8분 정도 끓여줄 거예요. 중간중간 면 사이를 저어줍니다.

10 *option* 혹시 영양부추나 파슬리를 쓴다면 그동안 다져 주세요.

11 타이머가 울리고 물이 거의 증발했을 때, 레스팅 중에 나온 포일 속 육즙과 만들어둔 소스를 부어주세요.

12 재빨리 잘 버무려주고 불을 끕니다. 소스가 끓어오르면 안 돼요.

13 스테이크를 먹기 좋게 썰어주세요.

14 접시에 덜고 그 위에 스테이크를 올려주세요.
option 칠리플레이크도 취향껏 뿌려주세요.

Lobster Rosé Soju Pasta

랍스터로제소주파스타

간혹 마트에서 랍스터를 세일할 때가 있어요.

저희 동네 마트에서는 꼬리만 손질된 걸 파는데, 세일할 때마다 그걸 몇 개 사서 얼려놓습니다.

그리고 필요할 때 하나씩 해동해서 사용하는 거죠!

이 레시피는 랍스터 꼬리를 하나만 썼어요. 랍스터 대신 타이거새우를 써도 맛있어요.

Ingredients

랍스터 꼬리 1개
↘ 치미추리 1t
로제소주소스 200g
버터 30g
소주 3T
쇼트파스타 200g
물 500ml
파슬리 가루 약간
option 레몬 1/4개

Mise en place

▶ 가위를 이용해 랍스터의 배에서 꼬리 방향으로 껍질을 갈라 살만 발라내주세요. (타이거새우를 쓰셔도 마찬가지로 껍질을 벗겨 살코기만 준비해주세요.) 그리고 치미추리 (pg.48) 1t을 골고루 발라 10~15분 정도 재워둡니다.

▶ 면과 물, 로제소주소스(pg.50)를 미리 계량해두세요.

▶ 랍스터 껍질과 살을 담아둘 그릇을 준비해주세요.

▶ 소주는 청주, 드라이 화이트와인으로 대체 가능합니다.

1 중강불에 데운 냄비에 버터를 녹여주세요.

2 랍스터 껍질을 먼저 넣고(껍질이 향을 더해줘요!) 빨갛게 변하면 중불로 내려주세요.

3 살코기를 넣어 4분 정도 볶으며 익혀줍니다.
   option 레몬 조각으로 즙을 뿌려주세요.

4 소주 3T을 넣고 잘 섞어주세요.

5 껍질과 살을 그릇에 따로 덜고, 조리하면서 자연스럽게 버터와 섞인 랍스터의 육즙도 같이 담아줍니다.

6 냄비에 눌어붙은 면을 그대로 두고 면을 넣어주세요.

7 물을 부은 후 강불로 올린 다음, 눌어붙은 곳을 녹여주세요. 물이 끓어오르면 중약불에서 12분 동안 면을 저어가며 익혀주세요.

8 타이머가 울리면 덜어둔 랍스터 살과 육즙을 냄비에 전부 넣어주세요.

9   로제소주소스를 두르고 잘 섞어줍니다.

10 소스가 뜨거워지고, 면이 입맛에 맞게 익으면 불을 꺼주
세요.

11 살코기가 면 위에 올라오게 담고, 파슬리를 솔솔 뿌려주세요.

Pulled Pork Ragu Pasta

돼지고기라구파스타

춥고 쌀쌀한 날, 비가 추적추적 내리거나 눈이 펑펑 오는 날에 특히 잘 어울리는 원포트 파스타입니다.
하루종일 집콕 해야 한다면 오후에 만들기 시작해서 저녁시간에 맞춰 먹으면 딱이에요.
이 레시피의 장점은 소스가 남았을 때 물만 더 넣고 끓이면 다음번에도 소스로 활용할 수 있다는 거예요.
여유로울 때 미리 라구소스를 만들어놓고, 나중에 파스타 면만 삶아서 같이 먹을 수도 있죠!

Ingredients

푸실리/펜네 200g
물 400ml
파르미지아노치즈/파마산치즈 약간

라구소스

돼지 목살 500g
당근 2-3개
방울토마토 150g
양파 1개
마늘 3톨
식용유 3T
생로즈메리 1대
월계수 잎 1개
파사타 150ml
드라이 레드와인 200ml
소금, 후추
option 파프리카 가루 1/4t
        계핏가루 1/4t

Mise en place

▶ 채소는 썰 수 있는 상태로 미리 손질해주세요.

▶ 돼지고기를 냉장고에서 꺼내 실온에 15-20분 정도 두세요.

▶ 파사타는 시판 소스나 토마토소스(pg.40)로 대체해도 됩니다.

▶ 생로즈메리가 없으면 건로즈메리 1/2T으로 대체 가능합니다.

▶ 와인은 미리 계량해두시고, 면과 물은 라구가 거의 완성됐을 때 즈음에 준비해도 충분합니다.

1 채소들은 모두 다져주세요.

2 약불에 팬을 달군 다음 식용유를 두르고 양파, 당근, 마늘을 볶아주세요.

3 양파가 반투명해지면 방울토마토와 로즈메리, 월계수잎을 넣고 방울토마토가 흐물흐물해질 때까지 천천히, 조금씩 짓누르며 볶아주세요.

4 파사타를 넣은 후 잘 섞어주시고, 소금 두세 꼬집으로 간을 해주세요. 조리된(시판) 소스를 쓰면 소금은 패스해도 됩니다.

5 돼지 목살을 통째로 넣은 후 와인을 부어주세요. 고기가 잠기도록 붓는데, 잠기지 않는다면 물을 더 부어서 잠기게끔 해줍니다. (물 대신 치킨/채소스톡을 써도 돼요.)

6 *option* 계핏가루와 파프리카 가루를 1/4t씩 뿌려주세요. 은은한 향이 더해져 보통의 라구보다 더 향긋하게 느껴질 거예요.

7 뚜껑을 덮고 최대한 약한 불에 2시간에서 4시간 동안 은은히 끓여줍니다. 중간중간 아래가 타지 않도록 저어주시는 것 잊지 마세요! (전 까먹지 않도록 핸드폰 알람을 설정해둬요.)

8 최소 2시간이 지나면 포크로도 찢어질 정도로 고기가 부드러워졌을 거예요. 고기를 잘게 찢어줍니다.

9 월계수 잎과 로즈메리를 걸러주세요. 입맛에 맞게 소금 후추로 간을 더해주면 라구소스는 완성입니다.

10 이제 파스타를 만들어요. 같은 냄비에 물을 부어주세요.

11 그다음 면을 넣어주세요.

12 면과 물이 라구소스와 잘 섞이도록 저어주세요.

13 소금 한 꼬집을 뿌려 간을 한번 더 맞춰주세요.

14 강불에 올리고 끓어오르면 알람을 12분으로 맞춰준 뒤 중약불로 내려주세요.

15 접시에 담아 취향껏 파르미지아노/파마산치즈를 뿌려 레드와인과 맛있게 먹습니다.

Mushroom 'Bolognese' Pasta

버섯'볼로네제'파스타

동물과 환경에 대한 인식이 발전하면서 점점 채식을 지향하시는 분들이 많아졌죠?
자연을 보살피는 분들을 위해 소고기 대신 버섯을 듬뿍 넣어,
소고기를 넣은 것만큼 맛있는 파스타를 만들어볼 거예요.
버섯 특유의 숲 향이 고기만큼, 어쩌면 고기보다 더 깊은 맛을 내준답니다.

Ingredients

펜네 200g
물 400ml
파사타 400ml
레드와인 100ml
식용유 3T
표고버섯 1kg
당근 2개
토마토 2개
양파 1개
마늘 3톨
소금, 후추
option 파르미지아노치즈/파마산치즈 가루 약간
파슬리 가루 약간

Mise en place

▶ 채소가 많이 필요하기 때문에 미리 양파, 당근, 마늘, 토마토를 다져주세요. 버섯은
깨끗이 씻어놓고 조리 중에 다질 거예요.

▶ 파사타는 시판 소스나 토마토소스(pg.40)로 대체해도 됩니다.

▶ 면과 물, 와인은 미리 계량해두세요. 참고로 물은 파스타 양의 두 배입니다.

1 약불에 달군 팬에 식용유 3T을 두르고 양파와 당근을 은은하게 볶아주세요.

2 양파와 당근이 익을 동안 버섯을 다져주세요. 중간중간 재료가 타지 않도록 봐가며 볶아주세요.

3 버섯을 썰다가 양파가 반투명해지면, 토마토와 마늘을 넣고 볶아줍니다.

4 나머지 버섯을 다져줍니다. 채소가 타지 않게 한 번씩 저어주세요.

5 토마토가 흐물흐물해질 때쯤, 다진 버섯을 전부 냄비에
   넣어주세요.

6 소금을 크게 두 꼬집 뿌리고 중불로 올려 채소들을 볶
   아주세요.

7 자연스럽게 배어나오는 채수가 냄비에 응축되면서 누
   룽지처럼 눌어붙을 거예요. 그 부분이 타기 전에 와인을
   100ml 정도 부어 눌은 면을 주걱으로 잘 녹여냅니다.

8 와인이 한번 끓어오르면 파사타를 넣고 잘 섞은 뒤, 약
   불에 20분 동안 끓여주세요.

9 시간이 지났으면 같은 냄비에 면을 넣어주세요.

10 물을 붓고 강불로 올려주세요. 끓어오르면 타이머를 12분으로 맞춘 뒤 중약불로 내려주세요. 중간중간 저어 주시는 거 잊지 마세요!

11 타이머가 울리면 접시에 담아주세요.

12 *option* 취향에 맞게 파슬리 가루와 치즈를 뿌려주세요. 레드와인이 좀 남았다면 파스타와 페어링해보세요!

Meatball Pasta

미트볼파스타

여기서 사용되는 부카티니는 두꺼운 파스타 면이에요.

가운데가 뚫려 있어 씹는 맛도 좋고, 소스가 안까지 들어가서 더 진한 맛을 느낄 수 있어요.

보통 버터가 가득 들어간 소스나 고기가 들어간 토마토소스와 먹습니다.

당연히 그냥 스파게티나 링귀니를 써도 돼요!

Ingredients

부카티니 180g

식용유 4T

치킨/채소스톡 450ml

토마토소스(pg.40) 300ml

파르미지아노/파마산치즈 약간

소금, 후추

option 레드와인 70ml

미트볼

다진 소고기 500g

양파 1개

불린 건표고버섯 80g

생파슬리/파슬리 가루 한 줌

달걀 1개

Mise en place

▶ 건표고버섯을 쓴다면 미리 물에 담가 최소 30분간 불려주세요. 생표고버섯으로도 대체 가능하지만 향이 떨어져요.

▶ 면과 물은 미리 계량해두세요. 스파게티나 링귀니를 쓴다면 200g으로 준비합니다.

▶ 미트볼 재료를 섞을 큰 볼과 성형한 뒤 올려놓을 쟁반이나 그릇, 유산지를 준비해둡니다.

▶ 물에 풀어서 쓰는 스톡이라면 미리 녹여두세요. 스톡이 없다면 물로도 가능합니다.

1 양파와 불려둔 버섯을 다져주세요.

2 약불에 팬을 달군 다음 식용유 2T을 둘러 양파와 버섯을 볶아주세요. 이때 소금 한 꼬집을 뿌려주면 수분이 빠져나와 더 빨리 익어요.

3 양파가 반투명해질 동안 생파슬리를 다져놓고, 다 익으면 불을 끄고 식혀주세요.

4 볼에 다진 고기와 달걀, 식혀둔 양파와 버섯, 소금 1/2t, 후추 1/4t을 넣고 잘 섞어줍니다.

5   반죽을 먹기 좋은 크기로 동그랗게 성형해줍니다.

6   고기는 먹을 만큼만 사용하고, 나머지는 냉장 또는 냉동 보관을 해두어도 돼요.

7   중불에 팬을 달군 다음, 식용유를 2T 두르고 미트볼을 올려 익혀주세요.

8   미트볼이 익으면서 육즙이 팬에 눌어붙을 거예요. 이게 소스의 깊은 맛이 돼요. 탈 것 같으면 물이나 와인을 조금 넣고 긁어주세요.

9 팬에 공간을 만들어 면을 넣습니다.

10 스톡이나 물을 부어주세요.

11 타이머를 7분에 맞춘 뒤 강불로 올렸다가, 물이 끓으면
중약불로 내리면서 중간중간 면을 흩트려주세요.

12 타이머가 울리면 토마토소스를 붓고, 소금이나 치즈로
간을 맞춰 3–4분 더 끓여줍니다.
option 레드와인도 이때!

13 면이 익으면 완성! 파르미지아노치즈나 파마산치즈를 뿌려 마무리합니다.

Mediterranean Chicken Stew Pasta

지중해식 치킨스튜파스타

올리브가 잔뜩 들어간 지중해식 레시피입니다.
'스튜'가 이름에 들어가 있듯이, 소스가 살짝 자작하게 남게 조리할 거예요.
지금까지 나온 레시피 가운데 가장 높은 난이도인데,
그 이유는 다듬고 조리해야 할 재료가 많으면서 불 조절도 신경써야 하기 때문이에요.
앞에서부터 차근차근 레시피를 따라 해보셨다면 충분히 하실 수 있을 거예요!

Ingredients

닭가슴살/허벅지살 2-3조각
↘ 올리브오일 3T
↘ 허브믹스 약간
올리브오일 4T
대추방울토마토 250g
토마토 150-180g
그린올리브 50g
블랙올리브 50g
소주 100ml
토마토소스(pg.40) 4T
쇼트파스타 200g
물 700ml
부라타치즈 1개
소금, 후추
option 케일 한 줌

Mise en place

▶ 닭가슴살은 살짝만 갈라 옆으로 넓게 펼쳐주세요. 각 면마다 올리브오일 1T을 골고루 발라주고, 소금과 후추, 허브믹스를 한 꼬집씩 뿌린 뒤 30분 동안 재워둡니다.

▶ 대추방울토마토는 반으로, 토마토는 8등분으로 썰어주세요.

▶ 올리브는 어슷썰기 해주세요. 총량만 맞춘다면 올리브 종류는 하나만 있어도 괜찮아요.

▶ 케일을 시금치로 대체하면 향이 달라지니, 여기서는 케일이 없으면 아예 생략합니다.

▶ 부라타치즈는 같은 양의 파마산치즈 가루로, 소주는 청주나 화이트와인으로 대체 가능합니다.

▶ 면과 물, 와인은 미리 계량해두세요.

1 중불에 달군 팬에 올리브오일 4T을 두르고 썰어둔 토마토를 넣어주세요.

2 5분 동안 살살 볶아줍니다. 이때 계속 젓기보단, 30초마다 한 번씩 저어주세요.

3 팬 중앙에 공간을 만들어 재워둔 닭가슴살을 올려주세요.

4 각 면마다 2분 30초-3분 정도 구워주세요.

5 닭가슴살을 한 번 뒤집었을 때 썰어놓은 올리브를 넣어
   주세요.

6 그 위로 소주를 부어주세요.

7 한번 끓어오르면, 물 200ml를 부어주세요.

8 닭가슴살은 포크로 대충 찢어주고, *option* 케일을 넣어
   주세요.

9 이대로 물이 끓어오르면, 토마토소스를 넣어주세요.

10 면을 넣고 나머지 물(500ml)을 전부 부어주세요.

11 강불로 올린 뒤 물이 끓어오르면 중약불로 내려주세요.
중간중간 면을 잘 저어서 익혀줍니다. 종류마다 다르지
만 쇼트파스타는 11-14분이면 충분합니다.

12 팬째로 서빙해 부라타치즈를 통으로 가운데에 올리고 후추를 살짝 뿌려주세요.

빨간 바지와 창백한 얼굴의 프러포즈

∘∘∘

2015년 10월 8일 내 생일날. 프러포즈를 받았습니다.

제가 호주에서 프러포즈를 받을 거라곤 상상도 못했어요.

저는 그 당시 갑작스레 찾아온 일, 연애, 미래에 대한 혼란 그리고 무엇보다 외로움 때문에 제 동생을 보러 호주에 있었어요. 그래서 저의 스물일곱번째 생일을 시드니에서 맞이하게 되었죠. 동생 에스더가 아침이 되기 무섭게 외쳤어요.

"일어나! 언니 생일이야! 내가 말한 본다이비치로 나들이 가야지."

"내 생일인데 왜 나는 관심도 없는 본다이비치 등산이야…."

"내가 진짜 좋아하는 곳이야. 진짜 예뻐. 보면 알 거야! 꼭 데려가고 싶었어."

"알았어… 조금만 더 자고…."

"생일을 알차게 보내야지! 지금부터 당장 씻고 준비해!"

"오 마이…가…앗…."

저는 사실 스물한 살 이후로 제 생일 챙기는 걸 딱히 좋아하지 않았어요. 사람들 불러내서 케이크에 촛불 켜는 걸 그다지 즐기지 않았죠. '나만의 날'이라는 게 괜히 오글거린다고 해야 하나? 그냥 친구 한두 명이랑 밥이나 먹으면 됐었죠. 그래서 사실 본다이비치에 가기가 무척 귀찮았어요. 특히 날씨가 좋지도 않았거든요. 바람은 엄청 불지 하늘은 회색빛이지….

"내가 진짜 맛있는 피시앤칩스 가게 데려갈 거니까, 오늘 영상 찍어!"

"뭐어? 귀찮아. 그리고 내 생일날 굳.이. 피시앤칩스를 먹어야 해?"

"아니야, 언니. 찍어야 해. 진짜 맛있는 곳이라니까? 카메라 챙겨."

"귀찮게 왜 이래. 생일이라고, 막 안 이래도 된다니까?"

"언니! 영상을 위해 한다고 생각해!"

유튜버라는 직업이 생기면서 '영상을 위해'라는 말은 저의 모든 동력이었어요. 그래, 오늘은 정말 안 찍어도 되긴 하지만, 영상 하나 더 찍어놓으면 좋으니까…라는 생각으로 준비했죠. 뭘 입을까 고민하다가 따뜻한 옷이 얼마 없어서 청바지를 챙겨 입었어요.

"… 언니, 꼭 그 바지를 입어야겠어?"

"왜. 내 바지가 뭐 어때서?"

"아니, 생일이고, 사진 찍어야 하는데… 빨간 바지는 좀…."

저는 그 당시 호주에 챙겨간 제일 두툼하고 눈부시게 빨간 청바지, 원숭이 엉덩이보다 더 빨간, 앵두 같은 입술보다 더 빨간! 그런 바지를 입고 까만 티셔츠와 까만 신발을 골랐어요.

"야, 영상엔 상의밖에 안 나와. 이대로 나가자."

"Are you sure(확실해)…? 알았어, 뭐… 언니의 초이스니까….”

저희는 보통 서로가 뭘 입든 간섭이 없는 편이에요. 그런데 그날따라 에스더가 살짝 강요하는 느낌이라 이상하긴 했지만, 아무런 의심은 없었어요. 무엇보다 그걸 신경쓸 겨를이 없었어요. 본다이비치에 가는 내내 저와 조쉬는 싸우고 있었거든요. 그때가 막 연애

1년 차일 무렵이라 그런지 싸움이 잦았었죠. 그날의 싸움 원인은
제 생일이었어요. 나부터가 제일 신경 안 쓰는 내 생일이라지만,
전날 밤부터 연락이 하나도 없는 거예요. 답답한 마음에 올리에게
문자했죠.

Gabie   올리, 조쉬 어딨어? 같이 있어?

Ollie   미안. 우리 촬영중이라 바쁘네.

Gabie   그래? 근데 조쉬한테 폰 좀 보라고 해줄래?

Ollie   말은 전할게. 그런데 이거 밤샘 촬영해야 할 정도로 일이 너무 많아
           서… 미안해, 가비!

이렇게 올리와 문자를 주고받은 후, 저는 속으로 별의별 생각을 다
했죠. 나보단 일이구나, 너무 바쁘면 나도 잊는구나.

Josh   가비야! 미안, 촬영이 진짜 길어졌네ㅠㅠ 일이 너무 많아서.

한참 뒤 그에게서 온 문자였어요.

Gabie   나 오늘 생일인 거 알아?

Josh   알지! 미안, 너무 바빴어ㅜㅜ 생일 축하해!

Gabie   어떻게 전화 한 통을 안 해주냐… 우리 통화 안 한 지 이틀 된 거
           알지?

Josh   진짜 미안. 일이 이렇게 밀릴 줄 몰랐어.

Gabie   됐어….

Josh   촬영 다 끝나면 진짜 전화할게!

Gabie   됐거든. 열심히 촬영하고 잠이나 자. 전화하지 말고.

너무 속상해서 마음에도 없던 말까지 나왔어요. 잠시 뒤에 그가 비로소 전화를 걸었지만 저는 짜증만 내고 끊었죠.

"조쉬랑 싸웠어?"

"어. 몰라… 맨날 바쁘대, 맨날. 나도 내 생일 크게 신경쓰진 않지만, 제일 가까운 사람이 몰라주면 섭섭해. 그리고 단지 이거 때문에 화난 거 아냐. 요즘 우리 관계가 너무 힘든데… 안 그래도 힘든데, 조쉬는 노력을 안 하는 느낌이 나. 이틀 동안 통화도 안 했다니까, 조쉬가 바쁘다고만 해서. 어떻게 해야 할지 모르겠어. 아 그냥 생각 안 할래. 너랑 맛있는 거 먹고 산책하면 나아지겠지."

"생일이니까 화 풀어, 진짜 바쁜가 보지…."

"됐어. 난 이해가 안 가, 지금."

"…언니, 이렇게 싸우는데 만약에, 당장 오늘, 갑자기 조쉬가 결혼하자 하면 할 거야?"

에스더가 이런 어마어마한 힌트를 줬는데도 저는 전혀 눈치채지 못했어요. 조쉬에게 부담 주지 않기 위해 결혼 얘기는 피하기로 마음먹은 지 몇 달이 지난 시기라, 프러포즈나 약혼은 제 예상에 없었습니다. '아마 2-3년 뒤부터일까?' 정도의 생각뿐이었죠.

어찌 되었든 제 대답은 단번에 나왔습니다.

"응, 할 거야."

"뭐라고? 이렇게 싸우는데도?"

"조쉬가 아닌 남편은 전혀 상상이 안 가. 내 마음속 남편은 조쉬야. 싸워서 짜증나긴 하지만, 얘가 아니라면 대체 누가 내 짝이야? 상상할 수가 없어."

"흐으음… Interesting(흥미롭네)…."

싱숭생숭한 마음으로 본다이비치에 있는 레스토랑에서 맛있는 피시앤칩스 먹방을 찍고, 에스더에게 떠밀려 언덕으로 올라갔어요. 에스더는 영상을 찍어야 한다며 산책하는 모습도 찍으면서 저에게 자꾸 이상한 질문을 해댔죠. 그래도 저는 전혀 눈치를 못 챘어요. 언덕에 도착했을 무렵, 에스더는 담 너머가 포토 스폿이라며 생일기념 사진을 찍어주겠다고 강제로 저를 그쪽으로 보냈어요.

'아니 내 생일인데 왜 얘가 더 난리야.'

궁시렁거리며 담장 입구를 향해 걸어가는데, 웬 창백한 백인 남자가 쪼그려앉아 있다가 저를 향해 힘차게 걸어오는 거예요.

뭐야 저 창백한 백인 남자는… 어?

어어어…??!!!

몇 초 동안은 누군지 못 알아봤어요. 영국에 있어야 할 남자가 비행기로 24시간 걸리는 호주에 어떻게 와 있는 거며, 어째서 이 벼랑 끝에 쪼그려앉아 있던 거며 그리고… 그리고 대체 왜 이렇게 시체처럼 창백하지? 꽃은 뭐지? 이거 생일선물…?

조쉬가 힘차게 와서 안아주었을 때, 저는 그제야 왜 이틀 동안 통화가 안 됐는지 바로 이해가 갔어요. 비행기를 타고 오느라 통화가 안 되었던 거예요. 올리는 왜 제 질문을 회피했으며… 에스더! 내가 이곳으로 오게끔 아침 내내 유도한 거였어…! 그리고 눈에 들어온 나의 눈부신 빨간 바지, 아! 젠장! 이 원숭이 엉덩이보다 더 빨간 바지를 괜히 입었구나!

이제야 모든 게 말이 되더라고요. 괜히 조쉬에게 화낸 게 미안해지고, 오해하며 짜증낸 것이 미안해졌어요. 그런데 진짜가? 꿈인가? 내가 지금 내 애인을 껴안고 있는 걸까? 그래서 다시 얼굴을 확인했는데, 역시나 조쉬였어요. 영국 아파트의 꿉꿉한 향이 풍기는 티셔츠, 너무 피곤하고 굶주렸을 창백한 얼굴, 가지런한 치아, 모자에 가려진 두터운 눈썹… 조쉬구나! 조쉬가 내 생일을 위해 24시간이라는 기나긴 비행을 거쳐 왔구나. 진짜 이렇게까지 할 필요는…

그런데 이 남자, 무릎을 꿇는 거예요.
주머니에서 뭔가를 꺼낸다…? 설마 이게 그 순간인가?

RICE

Assorted Mushroom Risotto

버섯리소토

으스스 추워지는 가을이나 오도도 떨리는 겨울에 만들면 나른하게 몸과 마음을 녹여주는 레시피예요.

더욱더 감칠맛 나는 리소토를 원하시면 베이컨 두 장을 작게 썰어서 버섯과 함께 볶아주세요.

만약 트러플오일이 있다면 먹기 전에 몇 방울 떨어트려주면 맛의 레벨이 올라갑니다!

이 레시피는 4인분 기준이에요.

Ingredients

각종 버섯 300g

건표고버섯 50g

↘ 표고버섯 우린 물 400ml

양파 1/2개

마늘 2톨

버터 30g

화이트와인 50ml

생쌀 150g

물 400ml

간 파마산치즈 2T

소금, 후추

Mise en place

▸ 건표고버섯은 최소 1시간 동안 물 400ml 이상에 넣고 불립니다. 이때 불려둔 물은 꼭 버리지 마세요!

▸ 버섯은 취향대로 무슨 종류든 마음껏 준비해 깨끗이 손질해주세요. 너무 큰 버섯은 한 숟가락에 떠먹기 좋은 크기로 썰어둡니다.

▸ 양파와 마늘은 미리 다져주세요.

▸ 쌀은 불리지 않고 생으로 준비하시고, 리소토용 쌀인 '아르보리오(arborio)'가 있다면 그것으로 사용해도 좋습니다.

1 불린 표고버섯을 건져 물기를 잘 짜주세요. 불려둔 물 400ml는 버리지 말고 보관합니다.

2 중불에 달군 냄비에 버터를 녹여주세요.

3 적당히 녹아들면 양파를 넣고 3분 동안 은은하게 볶아 줍니다.

4 양파가 반투명해졌을 때 버섯과 마늘을 한꺼번에 넣어 주세요.

5 소금을 큼직하게 한 꼬집 뿌리고 버섯을 바싹 볶아냅니다. 슬슬 냄비에 눌은 면이 생기기 시작할 거예요.

6 눌어붙은 부분이 타기 전에 화이트와인을 부어 주걱으로 녹여냅니다.

7 수분이 한번 끓어오르면 쌀을 넣고 수분이 잘 스며들도록 섞어주세요.

8 버섯 우린 물을 자작해질 정도로 부어줍니다. 쌀이 바닥에 붙지 않도록 천천히 저어주세요. 물이 끓어오르면 중약불로 내려줍니다.

9 자주 저어주면서, 수분이 줄어들 때마다 물 100ml를 넣어주세요. 20-25분 동안 반복하며 촉촉하게 쌀을 익힐 거예요.

10 쌀이 살짝 씹힐 정도(알 덴테)로 익으면, 갈아둔 파마산 치즈 2T을 넣고 섞어줍니다.

11 먹기 전에 파마산치즈를 얇게 저며서 올려 먹으면 더 맛있어요.

Arroz Marinero

아로스마리네로

스페인과 포르투갈 그리고 남미에서도 흔히 볼 수 있는 요리인 '아로스마리네로'!
언뜻 보면 파에야 같지만, 이 요리는 해산물라이스에 더 가까워요.
사프란이 들어가지 않기 때문이죠. 게다가 이 레시피는 파에야보다 좀더 자작하게 국물이 있답니다.
향긋한 바다 향이 가득한 이 레시피도 4인분이에요!

Ingredients

쌀 250g
홍합/조개류 250-300g
새우 200g
꼴뚜기/오징어 150g
양파 1개
토마토 1개
당근 1개
마늘 3톨
식용유 8T
화이트와인 150ml
물 600ml
소금, 후추
option 레몬 1/4개
　　　　파슬리 가루 약간

Mise en place

▶ 홍합 등 조개류는 차가운 소금물에 담가 1시간 동안 해감시킵니다.

▶ 양파, 토마토, 마늘을 다져두세요. 파슬리 가루 대신 생파슬리나 파를 쓴다면 함께 다져주세요.

▶ 냉동 해산물이라면 미리 해동시켜주시고, 생이라면 모두 물에 헹군 뒤 키친타월로 한번 물기를 제거해주세요.

▶ 꼴뚜기나 오징어의 반은 채소와 비슷한 크기로 다져주세요.

▶ 물과 와인을 미리 계량해서 준비해주세요.

▶ 중간에 익힌 해산물과 육수를 담아둘 깊은 용기를 준비해주세요.

1 중불에 달궈진 팬에 식용유 4T을 두르고, 다져둔 양파
와 당근의 1/4만 넣고 2분 동안 볶아주세요.

2 양파가 반투명해지면 모든 해산물(다진 꼴뚜기 제외)을
한꺼번에 넣고 강불로 올려주세요.

3 수분기가 날아가도록 1분 동안 휘리릭 볶아주고 화이
트와인을 넣습니다.

4 와인이 끓어오르면 준비해둔 물을 모두 부어주세요.

5 물이 끓어오르고 조개 입이 열리면, 큰 용기에 해물과 자연스럽게 생긴 해물 육수를 함께 담아두세요.

6 중불로 내려주시고, 같은 팬에 다시 식용유 4T을 두른 후 남은 양파와 당근을 2분 정도 볶습니다.

7 토마토와 마늘, 다진 꼴뚜기를 넣고 2분 동안 볶아주 세요.

8 쌀을 한꺼번에 넣고 1분을 더 볶아주세요.

9 토마토에서 나온 채수와 쌀이 잘 섞였다면 **5**번의 해물 육수를 1/3 정도만 부어주세요.

10 소금을 크게 네 꼬집 뿌리고 중약불에서 잘 볶아주세요. 이때 눌어붙는 부분을 잘 긁어주세요.

11 남은 해물육수를 전부 붓고 눌은 부분이 녹도록 저어주세요. 이제 15분 정도 졸입니다.

12 시간이 지나면 밥을 평평하게 잘 펴주고, 덜어두었던 해산물을 쌀 위로 덮어줍니다.

13 뚜껑을 덮고 약불로 내린 뒤 5분 더 끓여주세요. 쌀이 덜 익었으면 2분씩 더 끓이고, 너무 바싹 말랐다면 물 80-100ml를 더 부어 익혀줍니다.

14 *option* 먹기 전에 파슬리 가루와 레몬즙을 뿌려서 먹어 보세요! 더욱 산뜻한 맛이 날 거예요.

Sweet Pumpkin Risotto

단호박리소토

단호박죽에는 새알만 있고 쌀이 들어가지 않아 소화가 편안한 대신 포만감이 적어요.

반대로 쌀이 들어간 죽은 달짝지근한 맛이 없어 아쉬울 때가 있지요? 그렇다면 단호박리소토, 어떠세요?

단호박죽의 달콤한 맛과 일반 죽의 든든함까지 한번에 맛볼 수 있답니다.

이 레시피 역시 4인분이에요!

Ingredients

단호박 1kg

양파 1/2개

당근 1/2개

올리브오일 3T

생쌀 150g

물 800ml

허브믹스 1t

간 파마산치즈 2T

소금, 후추

Mise en place

▶ 단호박은 미리 살짝 익혀서 썰어둘 겁니다. 아래 방법대로 하면 안전할 거예요!

– 단호박을 잘 씻어서 전자레인지에 2-3분 정도 돌려주세요. 이 단계에서 단호박이 설 익어도 괜찮아요.

– 반으로 가르고 숟가락으로 씨를 제거해주세요.

– 그다음 껍질을 제거할 것인데 방법은 3가지가 있어요. 필러로 벗겨주거나, 평평한 부분이 바닥으로 가게 두고 칼로 조심스럽게 벗겨주거나, 8등분 해서 하나씩 참외 껍질 벗기듯 칼로 제거하거나입니다.

▶ 양파와 당근은 미리 다져주세요.

▶ 쌀 대신 아르보리오, 물 대신 채소/치킨스톡을 사용해도 좋아요.

1 단호박을 한입 크기로 깍둑썰기 해주세요.

2 중불에 달군 냄비에 올리브오일 3T을 두르고 양파와 당근을 넣어 3분 정도 볶아줍니다.

3 양파가 반투명해지면 썰어둔 단호박을 넣고 소금을 큼 직하게 두 꼬집 뿌려 2분 더 볶아주세요.

4 준비해둔 쌀을 넣고 잘 섞어주세요.

5 쌀이 잠기게끔 물(약 400ml)을 넣고 중강불로 올려줍니다.

6 이때 허브믹스 1t을 넣어주세요. 저는 건타임이 있어 그걸 넣었어요.

7 천천히 저으면서 쌀이 바닥에 눌어붙지 않도록 하세요. 물이 끓어오르면 중약불로 내려줍니다.

8 재료를 자주 저어주면서, 수분이 줄어들 때마다 물 100ml를 넣어주세요. 20-25분 동안 반복할 거예요.

9 쌀이 살짝 씹힐 정도(알 덴테)로 익으면, 갈아둔 파마산 치즈 2T을 넣고 섞어줍니다.

10 먹기 전에 허브를 한번 더 올리면 더욱 맛있어요.

Lemon Chicken Rice

레몬치킨라이스

이 레시피 역시 파에야가 아닙니다!

남미 전역에서 많이 먹는 든든한 치킨라이스 '아로스 콘 포요(arroz con pollo)'예요.

각 나라마다 지역마다 살짝 다르답니다. 차가운 맥주와 함께 페어링하는 것을 추천드려요.

이 레시피도 4인분이에요!

Ingredients

닭다리 800g-1kg
  ↘ 파프리카 가루 1T
  ↘ 카놀라유/해바라기씨유 5T
  ↘ 레몬 1/2개
  ↘ 허브믹스 2t
쌀 200g
양파 1개
양송이버섯 300g
마늘 8-10톨
물 450ml
버터 40g
소금, 후추

Mise en place

▶ 껍질을 제거하지 않은 닭고기를 준비해 밑간을 해둡니다.
- 닭다리가 붙어 있다면 다리와 허벅지 사이를 썰어서 분리해주세요.
- 고기에 파프리카 가루와 식용유, 레몬즙(레몬 1/2개), 허브를 뿌려 잘 버무려주세요.
- 최소 30분에서 1시간 정도 재웁니다.
▶ 마늘은 큼직하게 다져주시고(통으로 해도 맛있어요!), 양파도 다져주세요.
▶ 개인의 취향이지만 저는 버섯을 꼭지만 따고 통째로 썼습니다.
▶ 즙을 내고 남은 레몬은 슬라이스 해주세요.
▶ 버터는 식용유 4T으로 대체 가능합니다.

1 중불에 달군 팬에 닭다리를 굽습니다. 기름에 재웠기 때문에 식용유는 따로 필요 없어요.

2 각 면마다 2분 30초에서 3분 정도 구워주세요.

3 구워진 닭다리는 그릇에 옮겨둡니다.

4 만약 팬이 탔다면 키친타월로 한번 닦아낸 뒤, 약불에 버터를 녹입니다.

5   마늘과 양파를 넣고, 1분 동안 볶아주세요.

6   버섯을 넣고 또 1분을 볶아주세요.

7   쌀을 한꺼번에 붓고 잘 저어주세요. 쌀 사이사이에 기름
    이 잘 스며들어야 합니다.

8   쌀이 잘 섞였으면 물을 전부 부어주세요.

9 레몬 슬라이스를 올려주세요.

10 구워둔 닭도 올려줍니다.

11 닭에서 나온 육즙을 부어주고, 큼직한 소금 두 꼬집으로 간을 해줍니다.

12 뚜껑이나 유산지, 포일을 이용해 팬을 덮어주세요.

13 약불에서 25분 동안 은은히 끓여줍니다.

14 시간이 되면 팬째로 서빙해줍니다.

Cube Steak Risotto

큐브스테이크리소토

리소토는 쌀이 들어가서 말 그대로 '밥'이 되지만,
보다 더 배부르게 먹고 싶다면 역시 '고기'가 빠질 수 없죠!
버섯에 고기, 파까지 들어가는 이번 레시피는 든든한 한끼 식사가 되어줄 거예요.
이 레시피는 4인분을 기준으로 만들었습니다.

Ingredients

소 안심/등심 230-250g
밀가루 1T
버터 25g
양파 1/2개
양송이버섯 100g
대파 1/2대
생쌀 150g
맛술 4T
물 800ml
간 파마산치즈 2T
소금, 후추
option 로즈메리 1대

Mise en place

▶ 소고기는 미리 냉장고에서 꺼내 실온에 10분 정도 두세요.

▶ 양송이버섯은 깨끗이 씻어 4등분으로 썰어줍니다.

▶ 양파와 대파는 다져주세요.

▶ 물은 채소/치킨스톡으로, 화이트와인은 청주나 맛술로 대체 가능합니다. 만약 로즈메리를 사용하신다면 생로즈메리 1대나 건로즈메리 1t으로 준비해주세요.

▶ 파마산치즈는 덩어리를 쓴다면 미리 갈아서 준비해주세요.

▶ 소고기를 덜어놓을 오목한 그릇을 준비해주세요.

1 실온에 뒀던 소고기는 한입 크기로 네모나게 썰어주세요.

2 소고기에 밀가루(종류는 상관없어요) 1T, 큼직한 소금 두 꼬집, 후추 1/2t 정도를 뿌려서 골고루 묻혀주세요.

3 중강불에 달군 팬에 버터를 녹여주세요.

4 소고기를 넣고 3분 동안 볶아줍니다. *option* 이때 로즈 메리를 넣고 같이 볶으면 더욱 향기로워요.

5 고기가 구워졌다면 준비해둔 오목한 그릇에 옮겨주 세요.

6 같은 팬에 다진 양파와 대파를 넣고, 그릇에 고여 있을 소고기 육즙을 두른 뒤 2분 동안 재빨리 볶아냅니다.

7 버섯도 한꺼번에 넣어 1분 정도 더 볶아주세요.

8 맛술 4T을 넣고 계속 저으며 알코올을 1분 동안 증발시 켜주세요.

9 쌀을 전부 부은 뒤 채소와 잘 섞어주세요.

10 물 400ml를 자작하게만 채워줍니다. 끓어오르면 중약
불로 내려주세요.

11 수분이 많이 날아갔을 즈음에 물 100ml를 넣어 계속 저
어줍니다. 약 20분 동안 반복합니다.

12 쌀이 살짝 씹힐 정도(알 덴테)로 익으면, 갈아둔 파마산
치즈 2T을 넣고 섞어줍니다. 마지막으로 소금 간을 해
주세요.

13 그릇에 담고, 리소토 위에 **5**번을 올려서 맛있게 먹습니다.

FISH & STEAK

Eggplant Ricotta Roulade

리코타치즈가지롤

원팬 레시피에는 파스타 종류만 있지 않답니다.

이 레시피는 빵 위에 올려 먹거나 든든한 곁들이로 만들면 딱 좋아요.

소나 돼지고기로 바비큐를 할 때 함께 만들어 먹으면 조화로워서 이 파트에서 소개합니다!

Ingredients

가지 1-2개

시금치 한 줌

리코타치즈 350g

호두 100g

토마토소스 400ml

모차렐라치즈 100g

카놀라유/포도씨유 1t

소금, 후추

Mise en place

▶ 가지는 얇고 납작하게 썰어 소금 한 꼬집씩 뿌려둡니다. 15분 후면 물이 빠지니, 키친 타월로 소금을 털어내면서 흡수시켜주세요.

▶ 호두는 다지고, 시금치도 씻은 뒤 물기를 빼고 어슷썰어주세요.

▶ 오목한 그릇에 리코타치즈, 썰어둔 시금치, 소금 세 꼬집과 후추를 넣고 잘 섞어두세요.

▶ 토마토소스는 40쪽을 참고해 만들거나 시판 소스를 써주세요. 시판을 쓴다면 소스 300ml에 물 100ml를 섞어주세요.

1 식용유 1t을 두르고 키친타월로 닦아낸 팬을 중불에 달구고, 가지의 각 면을 1분 내로 구워주세요.

2 구워진 가지를 그릇에 옮기고, 같은 팬에 다진 호두를 넣고 4-5분간 저으며 볶아냅니다. 타지 않게 조심!

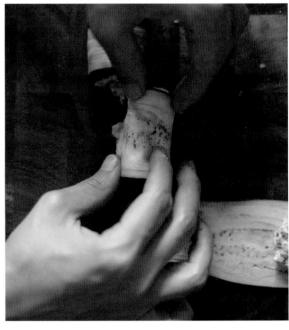

3 도마에 가지를 나란히 놓고, 섞어둔 리코타치즈 1T과 호두를 가지 끝에 얹어주세요.

4 이렇게 끝부분을 잡고 하나씩 김밥 말듯 돌돌 말아줍니다.

5 아까 쓴 팬에 토마토소스를 붓고, 돌돌 말린 가지를 가지런히 올려주세요.

6 그 위에 피자치즈 토핑으로 쓰이는 모차렐라치즈를 골고루 뿌려주세요.

7 후추를 뿌린 뒤 3번에서 쓰고 남은 호두가 있다면 위에 뿌려주세요.

8 뚜껑이나 포일로 팬을 덮고 약불에 15분 동안 끓여주세요. 소스가 증발하거나 타지 않게 조심하시고 너무 빨리 마른다면 물을 조금씩 뿌려주세요.

Sea of bacon
Mac and Cheese

베이컨가득맥앤치즈

맥앤치즈는 느끼한데다 물렁한 식감밖에 없어서 먹다가 꼭 중간에 질리고 말아요.

그런데 한입 씹을 때마다 바삭한 베이컨과 아삭한 부추의 식감을 더해주면

다양한 맛의 레이어링 덕분에 끝까지 다 먹을 수 있죠. (사실 베이컨을 넣으면 뭐든 다 맛있어진답니다…!)

Ingredients

베이컨 5-6장

마늘 10톨

양파 1/2개

영양부추(차이브) 20g

마카로니 200g

물 500ml

우유 150ml

파마산치즈 가루 3T

체다치즈 슬라이스 2장

머스터드 1/2t

후추

Mise en place

▸ 통마늘을 쓴다면 편으로 썰어주시고, 다진 마늘이라면 3t을 준비해주세요.

▸ 양파는 다지고, 영양부추(차이브)는 아주 작게 썰어주세요.

▸ 베이컨은 미리 꺼내 준비해주세요.

▸ 우유와 파마산치즈 가루는 미리 섞어두세요.

1 중강불에 달군 팬에 기름 없이 베이컨과 마늘을 올려, 조글조글해질 때까지 구워줍니다.

2 베이컨이 조글조글해지고 색이 짙어지면 도마 위에 덜어주세요. 식으면서 바삭해진답니다.

3 팬에 남은 베이컨 기름을 닦지 말고, 거기에 다진 양파를 2분 동안 볶아줍니다.

4 마카로니를 넣고 계량해둔 물을 전부 부어주세요.

5 물이 끓어오르면 중약불에 10분 동안 익혀주세요. 중간 중간 마카로니가 한쪽에 몰려 있거나 눌어붙지 않게 흩트려주세요.

6 그동안 구워둔 베이컨을 잘게 다져줍니다.

7 시간이 되면 팬에 섞어둔 우유와 파마산치즈 가루를 넣고 저어주세요.

8 중약불에 2-3분 끓여 크림이 뜨거워지면 체다치즈 슬라이스를 올리고 저어서 녹여줍니다.

9 머스터드도 넣고 잘 섞어주세요. 톡 쏘는 맛이 과한 느 끼함을 잡아줄 거예요.

10 입맛에 맞게 익었다면 불을 끄고, 잘게 다진 베이컨을 마카로니 위에 고르게 펴주세요. 베이컨이 잔뜩 들어가 기 때문에 소금 간은 따로 하지 않을 거예요.

11 그 위에 영양부추도 솔솔 뿌려줍니다.

Mediterranean Salmon Steak

지중해식 연어스테이크

'요구르트소스'를 드셔보셨나요? 지중해나 중동에서는 플레인요구르트를 소스로 많이 쓴답니다.

이 풍미가 가득하면서도 부드럽고 산뜻한 소스의 이름은 '차지키(tzatziki)'예요.

크래커나 빵을 찍어 먹거나, 샐러드에 뿌려 먹습니다.

우리는 연어스테이크에 이 상큼한 소스를 곁들일 거예요. 이 레시피는 4인분으로 만들었습니다.

Ingredients

연어 필렛 4조각

양배추 1/4개

대파 1대

완두콩 200g

주키니/애호박 1개

아스파라거스 250g

맛술 6T

식용유 3T

소금, 후추

option 디종 머스터드 1t

소스

플레인요구르트 200g

오이 1/2개

파슬리 한 줌

허브믹스 1t

Mise en place

▶ 연어(1인분에 150-200g)는 키친타월로 물기를 흡수시킨 다음, 소금 한 꼬집과 *option* 디종 머스터드로 고르게 양념을 합니다.

▶ 맛술은 화이트와인이나 청주, 소주로 대체 가능합니다.

▶ 파는 어슷썰기로, 파슬리는 다지기로, 양배추는 한입 크기로 썰어주세요. 주키니나 애호박은 채 썰어 소금 두 꼬집을 뿌리고 10분 뒤 물기가 나오면 키친타월로 수분을 흡수시켜줍니다.

▶ 오이는 씨 부분을 발라내고 1cm 크기로 썰어주세요. 씨를 발라내지 않으면 물이 많이 나오게 됩니다.

1 소스 재료들을 한데 모으고 소금 세 꼬집, 후추 약간을 더해 잘 섞어주세요.

2 중강불에 달군 팬에 식용유 3T을 두르고, 껍질 쪽이 아래로 가도록 연어를 3분간 구워주세요.

3 만약 팬에 심하게 눌어붙는다면 물을 조금 부어주세요. 3분이 지나면 연어를 뒤집어주세요.

4 곧바로 양배추와 대파를 팬에 넣어줍니다.

5 1분 뒤 연어를 덜어내고, 양배추와 대파에 소금 한 꼬집을 뿌려 3분 정도 볶아냅니다.

6 중불로 내리고 중앙에 공간을 만들어 아스파라거스를 가지런히 올려주세요.

7 그 양옆으로 완두콩을 놓고 2분 정도 익혀주세요.

8 주키니를 한번에 넣고, 껍질이 위로 향하게 연어를 가지런히 올려주세요.

9 채소들의 숨이 죽으면 강불로 올려준 뒤, 맛술 6T을 고 루 부어주세요.

10 맛술이 증발하면 불을 끄고, 후추를 마음껏 뿌려주세요.

11 소스를 연어스테이크 위에 올려 먹거나 살코기를 찍어 드세요. 빵과 함께 드시면 환상 궁합이랍니다!

Provence Chicken Breast Steak

프로방스닭가슴살스테이크

각종 채소와 발사믹식초, 그리고 닭가슴살로 만드는 요리예요.

빵이나 으깬 감자, 버터에 끓인 밥과 먹으면 맛있어요.

'저지방 저탄수' 다이어트 요리로도 든든히 먹을 수 있어요!

이 레시피는 4인분 기준이에요.

Ingredients

닭가슴살 4조각

↘ 발사믹식초 2T

↘ 올리브오일 4T

↘ 허브믹스 1t

↘ 매실액 1T

토마토 1개

파프리카 1개

가지 1/2개

애호박 1/2개

마늘 3톨

토마토소스(pg.40) 4T

카옌페퍼 1/2t

화이트와인 100ml

물 300ml

발사믹식초 1T

매실액 1T

소금, 후추

Mise en place

▶ 닭고기의 밑간을 해둡니다.

– 실온에 꺼내둔 닭가슴살에 올리브오일 1T씩 뿌려주세요.

– 발사믹식초는 조각당 1/2T씩 뿌리고, 전체적으로 허브믹스 1t과 매실액 1T을 뿌려주세요. 허브는 타임이나 파슬리, 로즈메리 등 다른 허브 종류로 대체 가능합니다.

– 조각마다 소금 한 꼬집과 후추 약간을 뿌린 뒤, 최소 30분에서 1시간 재워둡니다.

▶ 토마토가 작다면 2개로, 다양한 파프리카 색깔을 원하시면 1/2개씩 준비해주세요.

▶ 마늘은 큼직하게 다져주시고, 나머지 채소는 한입 크기로 썰어둡니다.

▶ 매실액은 꿀로, 화이트와인은 소주로 바꾸어도 됩니다. 대체시 꿀 1/2T, 소주 50ml로 준비해주세요.

▶ 카옌페퍼는 파프리카 가루나 고운 고춧가루여도 좋습니다.

1 중불에 달군 팬 위로 양념에 재워둔 닭가슴살을 올려주세요. 팬에 기름을 두르지 마세요!

2 각 면마다 2분에서 2분 30초 정도만 구워주고, 접시에 덜어둡니다.

3 중약불로 줄인 다음, 채소를 넣고 볶습니다. 마늘과 파프리카를 먼저 2분 동안 볶아주세요.

4 가지를 넣고 소금 한 꼬집을 뿌린 뒤 1분 더 볶습니다.

5 나머지 채소를 넣어주세요.

6 카엔페퍼를 뿌리고 와인을 부어줍니다.

7 발사믹식초, 매실액, 토마토소스도 넣고 끓입니다.

8 소스가 끓어오르면 물을 전부 부어줍니다.

9 구워둔 닭가슴살을 가지런히 올려주세요.

10 닭에서 나온 육즙까지 다 부어줍니다.

11 약불로 내린 뒤 팬을 뚜껑이나 유산지/포일로 덮어둡니다.

12 20분 동안 은은히 끓여주세요.

Apple Pork Loin Steak

돼지등심스테이크

사과와 돼지고기 콤비는 영국에서 가장 흔하게 볼 수 있는 조합이에요.

오븐에 구운 돼지고기에 청사과잼을 곁들여 먹는데 상큼한 사과가 텁텁한 등심과 너무 잘 어울려요!

삼겹살에도 잘 어울리더라고요. 로스트에는 감자와 당근이 빠지지 않죠.

이걸 원팬으로 재해석해봤어요. 이 레시피는 4인분으로 만들었습니다.

Ingredients

돼지고기 등심 300-400g

↘ 디종 머스터드 1T

사과 1개

알감자 200g

당근 100g

양파 1개

로즈메리 1대

식용유 2-3T

맛술 4T

물 500ml

소금, 후추

option 채소/치킨스톡 1t

Mise en place

▸ 돼지고기는 목살이나 삼겹살이어도 좋습니다.

▸ 실온에 꺼내둔 고기의 면마다 디종 머스터드 1t과 큼직한 소금 두 꼬집으로 간을 해 주세요.

▸ 일반 감자를 쓴다면 먹기 좋은 크기로 썰고, 알감자라면 반으로 썰어주세요.

▸ 양파 및 당근을 길쭉하게 썰어두세요.

▸ 만약 맛술이 없으면 소주나 청주, 설탕 1/2T으로 대체해주세요.

▸ 고체 스톡을 쓴다면 큐브 1/2조각 분량으로 준비해주세요.

1 중불에 달군 팬에 아무 기름을 두르고 돼지고기를 먼저
구워주세요.

2 저는 각 면마다 4-5분씩 익혔는데 조금 덜 익어도 괜찮
아요.

3 밤색이 된 돼지고기는 그릇에 옮겨둡니다.

4 같은 팬을 중약불에 올리고, 양파와 감자, 당근을 넣고
소금 두 꼬집을 뿌려주세요.

5 채소가 익는 동안 빠르게 사과를 8등분으로 썰어주세요. (도마에 공간이 있다면 채소를 썰 때 사과도 함께 썰어두면 편해요!)

6 사과를 넣어서 1분 동안 살짝 볶아내세요. 로즈메리도 이때 넣어줍니다.

7 여기서 맛술을 넣어주세요. 돼지고기와 잼의 단짠 조화를 생각해서 설탕이 들어간 맛술을 넣었습니다.

8 맛술이 끓어오르면 물 500ml를 붓고, 중불로 올린 뒤 *option* 스톡을 넣어 녹여주세요.

9 구워둔 돼지고기를 올리고, 뚜껑이나 포일로 팬을 덮어
약불로 내려주세요.

10 이대로 자작해질 때까지 15-20분 정도 은은하게 끓여
주세요(액체가 남아 있어야 해요).

11 뚜껑을 열어 서빙해줍니다. 자작하게 남은 액체가 그레이비소스 역할을 합니다.

Honey Mustard Cream Chicken

허니머스터드크림치킨

치킨을 디종 머스터드가 들어간 크림소스와 먹는 요리예요.
전통적인 프랑스 레시피를 제대로 따지자면 토끼고기를 써야 하는데,
토끼고기가 약간 닭고기 같거든요! 그래서 닭고기와도 잘 어울려요.
오일 파스타나 빵, 감자에 곁들여 드세요!

Ingredients

닭다리(허벅지)살 4조각

↘ 디종 머스터드 2T

↘ 꿀 1T

버터 40g

양파 1개

양송이버섯 300g

물 500ml

생크림/휘핑크림 250ml

허브믹스 1/4t

소금, 후추

option 채소/치킨스톡 1t

Mise en place

▶ 껍질을 제거하지 않은 허벅지살에 디종 머스터드와 꿀, 소금 네 꼬집, 후추 약간을 전체적으로 잘 버무려준 후 30분 이상 재워둡니다.

▶ 일반 머스터드를 써도 되지만 매우니 1/2T만 사용해주세요.

▶ 양파는 다지고, 버섯은 큼직하게 썰어줍니다.

▶ 허브믹스는 타임이나 로즈메리로 대체 가능합니다.

▶ 다른 재료도 미리 계량해두세요.

▶ 고체 스톡을 쓴다면 큐브 1/2조각 분량으로 준비해주세요.

1 중불로 달군 팬에 버터를 녹이고 재워둔 고기를 올려주세요.

2 꿀은 빨리 타니 1분마다 뒤집으면서, 7-8분 동안 버터에 익혀줍니다.

3 구워진 닭고기는 접시에 따로 담아주세요. (참고로 이때는 속까지 안 익어 있습니다.)

4 중약불로 불을 내려주세요. 이때 팬에 기름이 많으면 키친타월로 좀 덜어내세요.

5   같은 팬에 양파를 넣고, 소금 두 꼬집을 뿌려 3-4분 동안 반투명해질 때까지 볶아주세요.

6   썰어둔 버섯과 소금 한 꼬집을 넣고 재빨리 볶아주세요.

7   버섯의 숨이 죽기 전, 물과 *option* 스톡을 한꺼번에 넣고 잘 녹여주세요.

8   구워둔 닭고기를 올려주세요.

9 허브믹스를 뿌리고 물이 반 정도 증발할 때까지 기다려 주세요. 모두 증발되지 않게 조심!

10 생크림이나 휘핑크림을 부어주세요.

11 약불로 내려 끓여주세요. 칼로 뼈 쪽을 찔렀다 꺼내고 입술 밑에 살짝 댔을 때 뜨거우면 뼛속까지 익은 겁니다. 미지근하면 아직 익지 않았다는 뜻!

12 마지막으로 소금과 후추로 간을 맞춘 뒤에 팬째로 서빙해도 되고, 그릇에 적당히 소스와 담아서 드셔도 좋아요.

Worcester Cream Steak

우스터크림스테이크

유튜브 초창기 때 만들었던 레시피지만,
너무 오래되어서 이번 기회에 새로운 레시피로 다시 만들어보았어요.
가니시부터 소스까지 직접 조리해야 해서 고난도에 속합니다.
이 레시피는 4인분으로 만들었어요.

Ingredients

소고기 안심/등심/채끝 400-500g

알감자 400g

브로콜리 250g

마늘 1톨

카놀라유/해바라기씨유 4T

버터 1/2T

통후추 10g

생크림/휘핑크림 150ml

우스터소스 2t

물 600ml

소금, 후추

option 위스키 50ml

Mise en place

▶ 소고기는 냉장고에서 꺼내 실온에 둡니다. 차가울 때 구우면 속이 덜 익는 경우가 많아요. 적어도 30분은 밖에 두세요. 무더운 여름엔 10-15분이면 충분해요.

▶ 고기의 각 면마다 소금 두 꼬집, 후추 한 꼬집씩 뿌려둡니다.

▶ 알감자는 반으로 썰어주세요. 그냥 감자를 쓴다면 얇게 썰거나 깍둑썰기 해주세요.

▶ 브로콜리는 한입 크기로 손질하고, 마늘과 통후추는 칼등으로 으깨주세요.

▶ 물은 500ml와 100ml로 나누어 준비합니다.

▶ 위스키는 소주나 화이트와인으로 대체 가능합니다. 이 경우 2배로 준비해주세요.

1 달구지 않은 팬에 감자를 올려놓은 뒤 물(500ml), 버터 1/2T을 넣고 중불에 끓여줍니다.

2 15-20분 정도 감자를 익히고 소금 세네 꼬집을 뿌려주세요.

3 그다음 브로콜리를 넣습니다. 이때 이미 물이 증발했다면 물을 좀더 넣어주세요.

4 채소가 다 익고 물기가 없어지면 감자와 브로콜리를 접시에 담아주세요.

5　같은 팬에 식용유 4T을 두르고 강불로 달군 뒤, 팬에서 연기가 살짝 올라올 때 고기를 올려주세요.

6　각 면마다 2분씩 굽고, 중간에 으깬 마늘 한 톨을 넣어 줍니다.

7　모든 면을 다 구웠다면, 불을 중약불로 줄여놓고 스테이크를 포일 위에 옮겨줍니다.

8　고기에 후추를 뿌리고 포일로 감싸 5분 동안 레스팅해 줄 거예요.

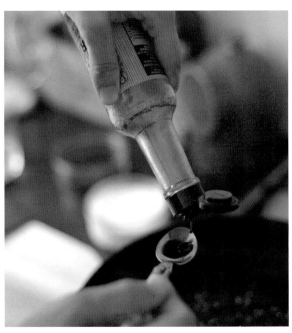

9 그 사이에 같은 팬에 물(100ml)을 붓고 빠르게 스테이크의 눌은 면을 주걱으로 긁어서 녹여주세요.

10 물이 끓어오르면 으깬 통후추를 한번에 넣고 우스터소스를 뿌려주세요.

11 *option* 위스키를 부어주세요.

12 이쯤이면 레스팅해놓은 스테이크에서 육즙이 나왔을 거예요. 함께 팬에 부어줍니다.

13 한번 끓어오르면, 생크림을 전부 넣어주세요. 그리고 약불로 내려줍니다.

14 생크림에 기포가 올라오면 불을 꺼주세요. 간을 보고 싱거우면 소금으로 간합니다.

15 스테이크를 먹기 좋게 썰어, 팬 위에 준비해둔 채소와 함께 올려줍니다.

16 마지막으로 한번 더 후추를 뿌리고 팬째로 서빙해줍니다.

Swedish Meatball

스웨덴식 미트볼

지난번 미트볼파스타(pg.218) 레시피와 달리 이번에는 미트볼에 파스타를 곁들이지 않을 거예요.
대신 매시드포테이토와 생크림을 넣어 더욱 부드럽고 풍미가 깊은 소스를 만들어볼 겁니다.
직접 미트볼 성형을 해야 하니 조리 공간이 부족하지 않도록 미리 재료 손질을 끝내놓는 것이 좋겠죠?
이 레시피는 4인분으로 만들었어요.

Ingredients

우유 4T

밀가루 2T

감자 400g

버터 40g

생크림/휘핑크림 280ml

우스터소스 1T

화이트와인 5T

물 400ml

소금, 후추

option 석류 1-2T

미트볼

다진 소고기 1kg

양파 1개

허브믹스 1l

달걀 1개

빵가루 4T

Mise en place

▸ 감자는 껍질을 벗기고 물에 헹군 뒤, 작은 조각으로 썰어주세요.

▸ 양파는 미리 다져주시고, 팬에 5분 정도 볶아둡니다.

▸ 오목한 볼 2개와 성형한 미트볼을 올려둘 쟁반이나 도마를 준비해주세요.

▸ 생크림과 버터, 액체류는 미리 계량해두세요.

1 볼에 감자와 물 4T을 넣고 비닐랩을 씌워주세요. 랩에 구멍을 내고 전자레인지에 9분 정도 돌려줍니다.

2 감자가 익는 동안 또다른 볼에 미트볼 재료와 볶아둔 양파, 소금 다섯 꼬집, 후추 1/2t을 넣고 잘 섞어주세요.

3 이때 고기를 조금 떼어내 익혀서 맛을 보면 소금 간에 실패하지 않죠!

4 미트볼을 성형해주기 전, 1번의 감자에 버터(10g)를 넣어줍니다.

5 감자를 으깨며 버터와 섞어줍니다. 저처럼 귀찮으면 주
   걱으로 해도 돼요!

6 크림(80ml)과 소금 두 꼬집을 넣고 잘 섞은 다음, 다시
   비닐랩에 씌워서 전자레인지에 넣어둡니다. 먹기 전에
   2분 정도 돌려주면 딱 좋게 데워져요.

7 미트볼 반죽을 동그랗게 굴려주세요. 저는 먹기 편하게
   조금 작게 성형해줬어요.

8 성형된 미트볼을 도마나 쟁반에 가지런히 놓고 그 위에
   밀가루를 뿌려줍니다. 그리고 잘 굴려주세요.

9 중불에 달군 팬에 남은 버터(30g)를 녹여주세요.

10 미트볼을 넣고 4분 정도 돌돌 굴리면서 노릇노릇해질 때까지 구워줍니다.

11 *option* 석류가 있다면 석류알 1T 정도를 흩뿌려주세요. 상큼하고 달달한 향을 더해줄 거예요.

12 팬에 우스터소스를 뿌려주세요.

13 화이트와인을 부어주세요.

14 1-2분 사이에 술이 확 끓어올라 증발하기 전에, 곧바로 물을 부어주세요.

15 물이 끓으면 약불로 내리고, 크림(200ml)을 부어주세요. 따듯해졌을 때 소금과 후추를 뿌려줍니다.

16 매시드포테이토를 각자의 그릇에 덜고, 미트볼은 팬째로 서빙해주세요. *option* 석류를 썼다면, 한번 더 톡톡 두드려서 얹어주세요.

Crispy Cod Steak & Rosé Soju Sauce

로제소주대구살스테이크

앞선 레시피에 이어 또다른 대구살스테이크예요.

지난번 레시피가 소스 없는 깔끔한 대구 요리였다면,

이번에는 대구에 페스토 양념을 하고 로제소주소스를 곁들여 좀더 풍부한 맛을 느낄 수 있을 거랍니다.

Ingredients

대구살 600-700g

페스토 4T

빵가루 4t

아스파라거스 10쪽

쪽파 4대

로제소주소스 200g

레몬 1개

식용유 4T

소금, 후추

Mise en place

▶ 대구살은 깨끗히 행구어 키친타월로 물기를 흡수해주세요.

▶ 모든 채소를 씻고 물기를 빼냅니다. 쪽파는 끝부분만 다듬고, 아스파라거스는 그대로 쓸 거예요. 레몬은 반토막 내주세요.

▶ 페스토와 로제소주소스는 시판 소스를 사도 되고, 44쪽과 50쪽을 참고하면 직접 만들 수 있어요.

▶ 구운 대구살을 덜어둘 그릇을 준비해주세요.

1 대구살 앞뒤에 소금 한 꼬집씩 밑간을 한 다음, 한 면에 페스토 1T씩 얇게 발라주세요.

2 그다음 페스토를 바른 면에 빵가루를 묻혀주세요. 껍질 째로 사용한다면 껍질에 묻힙니다.

3 중불에 달군 팬에 식용유 4T을 두르고, 빵가루를 묻힌 쪽이 아래로 가게 대구살을 놓고 4분간 구워주세요.

4 시간이 되면 뒤집고 1분 더 익힌 뒤 생선을 그릇에 옮겨 주세요.

5 키친타월로 한번 닦아낸 팬에 아스파라거스, 레몬, 쪽파
를 놓고 소금 두 꼬집을 뿌려 간을 맞춰줍니다.

6 아스파라거스는 3-4분 정도 계속 돌려주며 익혀주
세요.

7 아삭하게 익으면 불을 <u>끄</u>고, 아까 익힌 생선을 올려 팬
째로 서빙해주세요.

8 로제소주소스를 원하는 만큼 덜어서 뿌려주세요. 서빙
하기 전에 전자레인지에 1분간 돌리면 따듯하게 먹을
수 있어요.

Grilled Provence Flounder

프로방스가자미구이

프랑스에서 유학하던 시절에 전통적인 비스트로나 레스토랑에 가면 가자미를 통으로 구운 다음,
앞에서 생선을 발라서 주는 것에 깜짝 놀랐었어요. 그리고 입에서 사르르 녹는 환상적인 맛에 또 한번 놀랐지요.
전통적인 방법은 버터와 레몬으로만 조리하는데,
타프나드가 가자미와 제법 어울렸던 것을 회상하며 이 레시피를 만들어보았어요.
함께 곁들일 메인 요리로는 크림페스토파스타를 추천드려요!

Ingredients

가자미 1마리
타프나드(pg.46) 4T
방울토마토 200g
브로콜리 300g
다진 마늘 2t
버터 40g
드라이 화이트와인 150ml
소금, 후추

Mise en place

▶ 가자미는 손질된 걸 사면 편해요. 키친타월로 가자미의 물기를 완전히 제거해주세요.

▶ 버터는 가염 제품을 추천합니다만, 조리용 올리브오일이나 다른 식용유를 사용해도
상관없어요. 만약 기름을 사용한다면 4T으로 준비해주세요.

▶ 브로콜리는 적당한 크기로 썰어주시고, 방울토마토는 그대로 사용할 거예요.

▶ 화이트와인은 미리 계량해두세요.

▶ 팬은 채소와 가자미가 들어갈 만큼 큰 것으로 준비해주세요.

1 중불에 달군 팬에 버터 1T이나 식용유 1T, 타프나드 1T을 넣고 녹여주세요.

2 버터의 색이 변하기 전에 브로콜리와 방울토마토를 넣고 2분간 볶아주세요.

3 팬 중앙에 공간을 만들고, 강불로 불을 올린 뒤 남은 버터나 식용유 3T을 넣어주세요.

4 팬이 달궈지면 가자미를 올리는데, 이때 물 4T 정도를 팬에 뿌려주세요.

5 3분 정도 구운 뒤 가자미를 뒤집어주세요. 팬에 껍질이 눌어붙을 텐데, 숟가락으로 살살 긁으면 벗겨지니 괜찮아요!

6 화이트와인을 한꺼번에 붓고, 끓어오르면 불을 중약불로 줄여주세요.

7 가자미 위에 타프나드를 얹고 3분 정도 더 조리해주세요.

8 불을 끄고, 바로 식탁으로 서빙해주세요. 살은 숟가락으로도 쉽게 바를 수 있답니다.

Butter Scallop
& Romesco Sauce

🍃🍃🍃🍃🍃

관자버터구이와 로메스코소스

탱글탱글하고 오동통한 제철 관자를 버터에 살짝 구워, 화이트나 로제와인이랑 먹으면 천국이 따로 없습니다.

이 레시피를 곁들이 요리로 만들고, 함께 만들어 먹을 파스타로는

명란오일파스타(pg.78), 봉골레(pg.90), 갈릭새우파스타(pg.106) 가 있어요.

이 레시피는 4인분으로 만들었어요.

Ingredients

관자 1kg

버터 30g

토마토 2개

다진 마늘 1t

시금치 두 줌

로메스코소스 200-250g

소금, 후추

영양부추 1/2줌

Mise en place

▶ 관자는 키친타월로 물기를 흡수해주고 위아래로 소금 간을 충분히 해주세요. 가염 버터를 쓴다면 관자 한 면에 소금 작은 꼬집 하나, 무염은 큰 꼬집 하나를 뿌려주세요.

▶ 토마토는 우선 반으로 갈라 씨를 바른 후 작게 깍둑썰기 해주세요.

▶ 영양부추는 송송 썰어주세요. 고명으로 쓸 거라 실파로 대체해도 좋아요.

▶ 로메스코소스(pg.52)는 밥 한 공기 양으로 미리 꺼내 준비해두세요.

▶ 구운 관자를 옮겨둘 그릇을 준비해주세요.

1 중불에 달군 팬에 버터를 한꺼번에 넣어 녹여줍니다.

2 버터가 녹아 거품이 일면 관자들을 올려줍니다.

3 관자는 앞뒤로 1분 30초-2분씩 구워주세요. 중간중간
숟가락으로 버터를 끼얹어주세요.

4 약불로 내리고 구운 관자를 접시에 옮겨둡니다.

5   곧바로 같은 팬에 썰어둔 토마토를 전부 넣고 2분 정도 볶아주세요. 이때 버터가 너무 많아 보이면 키친타월로 살짝 닦아주세요.

6   토마토가 볶아지면 다진 마늘을 넣고 1분간 볶아줍니다.

7   시금치를 전부 넣고 소금 두 꼬집을 뿌린 뒤, 숨이 완전히 죽을 때까지 볶아주세요.

8   볶아진 채소를 한쪽에 몰아 만들어진 공간에 로메스코 소스를 한꺼번에 넣어주세요. 시금치와 섞지 마세요! 소스 부분만 둥글게 저어주면 골고루 데워집니다.

9 소스가 살짝 따뜻해지면, 아까 구운 관자를 소스 위로
   올려주세요.

10 보글보글 소스가 끓으면 후추를 뿌립니다.

Lobster
Mac and Cheese

🦞🦞🦞🦞🦞

랍스터맥앤치즈

랍스터는 별 양념 없이 쪄 먹거나 구워 먹어도 맛있지만, 느끼한 재료들과 가장 잘 어울리는 것 같아요.
버터나 마요네즈… 그중 최고로 느끼한 음식이라면 역시 맥앤치즈죠!
맥앤치즈는 마트에서 라면같이 즉석식품으로 파는 편이라 정크푸드처럼 여겨지지만,
야식으로 한껏 느끼한 음식이 생각날 때 이만한 게 없어요. 이른바 '길티 플레저(guilty pleasure)'죠.

Ingredients

랍스터 1마리
버터 1T
양파 1/2개
식용유 4T
마카로니 200g
물 500ml
우유 150ml
체다치즈 슬라이스 2장
냉동 모차렐라치즈 두 줌

Mise en place

▶ 요즘에는 한 번 데쳐진 랍스터도 팔죠. 만약 생랍스터를 쓰시면 소금물을 끓여 4–5분 간 데쳐주세요.

▶ 양파는 다져서 준비해주세요.

▶ 구워진 랍스터를 덜어둘 접시를 준비해주세요.

▶ 물과 마카로니, 우유는 계량해두세요.

1 랍스터의 집게를 분리하고 몸통을 길쭉하게 반으로 썰어주세요.

2 알을 제외한 내장을 숟가락으로 긁어냅니다.

3 집게에 칼집을 내면 반으로 갈라 살을 빼내기 쉽습니다. 다리는 잠시 후에 손질할 거예요.

4 강불에 달군 팬에 버터 1T을 녹인 후, 살코기가 바닥에 닿게 랍스터를 놓고 5분만 익혀주세요. 시간이 되면 접시에 랍스터를 옮겨주세요.

5 3번에서 남겨둔 다리의 살코기를 발라냅니다.

6 같은 팬을 중불에 달궈 식용유 4T을 두르고, 양파와 다
리살을 같이 볶아줍니다.

7 덜어둔 랍스터에 레스팅이 진행되며 육수가 나왔다면
지금 팬에 부어주세요.

8 양파가 반투명해지면 강불로 올리고, 마카로니와 물을
넣어주세요. 물이 끓어오르면 중약불로 줄인 후 타이머
를 12분으로 맞춰주세요.

9 타이머가 울리면 우유를 붓고 잘 섞어주세요. (저는 집게 살이 덜 익은 것 같아 올려두었어요.)

10 체다치즈 슬라이스를 올려 녹여주세요.

11 여기에 냉동 모차렐라치즈를 두 줌 정도 올려 녹여줍니다.

12 마지막으로 덜어두었던 랍스터도 올려주세요. 지친 여름밤에 맥주와 페어링하면 이만한 음식이 또 없죠!

Galbi-gnon

갈비뇽

부르기뇽(bourguignon) 이라기에는 연하고, 갈비찜이라고 하기엔 진한 그 중간쯤의 고기 레시피예요.

어머니께서 손님이 오시면 항상 이 레시피를 만드셔서, 저는 갈비찜 하면 어머니가 바로 떠올라요.

간장과 와인, 월계수 잎을 쓰셨는데, 저는 와인을 조금 더 넣고 프랑스식으로 구운 뒤에 끓여냅니다.

완성되면 삶은 고구마나 감자, 감자 퓌레랑 잘 어울려요.

밥과 김치랑도 잘 어울리는 이 레시피는 4인분으로 만들었어요.

Ingredients

소고기(갈비찜용) 1kg

양파 1개

당근 1개

마늘 4톨

군밤 100g

고구마 300~400g

버터 15g

물 500ml

밀가루 2T

파프리카 가루 1T

간장 6T

레드와인 200ml

물엿/매실액 2T

식용유 3T

계핏가루 1/4t

소금, 후추

option 타임 1대

Mise en place

▶ 소고기를 흐르는 물에 씻고 키친타월로 닦아준 후, 조각마다 파프리카 가루와 소금을 한 꼬집씩, 후추와 밀가루도 골고루 잘 묻혀 20분 정도 재워주세요.

▶ 당근과 고구마는 필러로 껍질을 벗겨줍니다.

▶ 양파와 당근은 큼직하게 깍둑썰기 하고, 마늘은 작게 다져주세요.

▶ 타임 대신 파슬리나 파를 다져 한 줌을 준비해주셔도 됩니다.

1 중불에 달군 팬에 식용유 3T을 두르고 양파와 당근, 마늘을 넣어 3분간 볶아줍니다. *option* 타임을 조금 잘라 넣어주세요.

2 팬에 공간을 만들어 갈비를 넣고 강불로 올려 4-5분 동안 볶아냅니다.

3 채소가 타지 않도록 잘 저어주시고, 갈비는 각 면을 구워주세요.

4 곧바로 군밤을 넣어주세요.

5 와인을 모두 부어주세요.

6 한번 끓어오르면 물을 부어주세요.

7 간장과 물엿을 넣고 잘 녹여주세요.

8 약불로 내린 후, 뚜껑을 덮어서 은은히 끓여줍니다. 2시간 정도 끓이는데, 밑이 눌어붙지 않도록 중간중간 저어주세요.

9 갈비뇽과 함께 곁들일 고구마는 찌거나 구워도 좋아요. 큼직한 덩어리로 썰어주세요.

10 간단하게 준비하려면 버터 15g과 함께 전자레인지에 7-8분 돌리면 됩니다. 요리 완성 직전에 준비하셔도 충분해요.

11 고기가 부드럽게 익으면, 마지막 단계로 계핏가루를 뿌려주세요.

12 고구마는 섞지 않고 따로 그릇에 담아서 서빙하면 깔끔해요. 곁들일 와인으로는 버건디, 메를로, 까쇼를 추천합니다!

essay 03.

우리가 올린 세 번의 결혼식

∘∘∘

프러포즈를 받고 한 달 만에 우리는 한국에서 혼인신고를 했어요. 한국에서는 결혼식 날짜를 잡고 프러포즈를 계획하거나 결혼식 전에 혼인신고를 하는 게 매우 흔한 일이지만, 영국에서는 절대 이 순서로 하지 않아요.

1. 프러포즈한다.
2. 약혼 반지를 끼고 지낸다.
3. 짧으면 6개월, 보통 1년 동안 결혼식 준비(웨딩 플래닝)를 한다.
4. 모든 친척, 친구들을 불러 결혼식을 올린다. 식은 하루종일 진행된다.
5. 마지막으로 혼인신고를 한다.

저는 외국에서 오래 살았지만, 한국 친구들이 더 많았고 한국형 결혼식을 많이 다녔기 때문에 굳이 위 순서대로 해야 한다는 생각이 전혀 없었어요. 개인적으로 제일 우선순위였던 문제들은 이러했어요.

결혼식은 어느 나라에서 해야 적당할까?
결혼식이 우리의 일에, 우리 주위 사람들에게 어떤 영향을 끼칠까?
결혼하면 어디서 살아야 하는가, 한국 아니면 영국?

우선 결혼식은 두 번 올리기로 했어요. 조쉬의 지인들은 다 영국에 있고, 제 지인들은 한국과 미국, 프랑스에 골고루 있었으니까요. 하지만 모두의 예상과 달리 우리는 결혼식을 올리기 전에 혼인신고를 했고, 그날을 공식적인 우리의 결혼식 날짜로 쳤습니다. 사실 이것은 영국인들에게 있을 수 없는 일이었을 거예요.

하지만 그렇게 한 이유는, 저는 살아본 적도 없고 지인이 한 명도 없는 영국 땅에서 공식적인 첫 결혼식을 올리는 게 싫었기 때문이에요. 그래서 제가 제안했습니다. 결혼식 당일엔 어차피 정신없을 테니 혼인신고를 먼저 하고, 그날을 우리 둘만의 공식적인 결혼 날짜로 생각하자고. 조쉬는 처음에 극구 반대했지만 정말 감사하게도 오히려 시부모님께서 이해해주셨어요. 시부모님은 중국에서 오래 사셨고 미국에서도 지내신 적이 있는데, 이런저런 사람들을 만나며 아주 다양한 결혼 형태를 많이 접하셨던 거예요. 제 부모님은 이게 왜 골칫거리인지 처음부터 이해 못하셨지만요.

"하객분들을 적게 모셨거나 아예 결혼식을 안 하고 혼인신고만 한 사람들은 결혼을 안 한 거니? 너무 식에 의미 두지 마. 너무 복잡하게 생각하지도 말고."

우리 아버지가 그러셨죠. 저희 어머니도요.

그래서 저희는 약혼하고 딱 한 달 후인 11월 9일 서울 종로주민센터에서 혼인신고를 마치고, 영국대사관 근처의 성공회교회 앞에서 단둘이 선약을 맺었습니다. 오후엔 맥도날드를 사 먹고 강릉으로 넘어가, 숲속에서 조엘이 웨딩 포토를 찍어줬어요. 친어머니,

시어머니도 보러 오셨죠. 소중한 사람들끼리 조용히 진행할 수 있어서 너무 행복했어요. 조쉬도 그날이 진정한 결혼식 같았다며 최고의 선택이었다고 매년 말합니다.

앞에서 말했듯 '전통적인' 결혼식은 영국과 한국에서 했는데, 사실 예산이 그렇게 많지 않았어요. 저는 프리랜서라 안정된 수입이 없어서 작은 적금만 하나 묶어둔 상태로, 유튜브 수입은 50~70만 원 사이를 왔다갔다했거든요. 조쉬의 유튜브도 초창기였던 데다가, 올리와 함께 운영했기 때문에 수입이 높지 않았죠. 무엇보다 양쪽 부모님의 금전적인 도움을 최대한 받지 않기로 해서 결혼식은 우리 능력이 닿는 선에서만 준비하기로 했습니다. 조쉬는 그렇게 많지 않던 적금을 깼고, 그 돈을 아껴 쓰기 위해 함께 셀프 웨딩을 준비했어요.

정말 많은 친구들이 도움을 줬습니다. 크리스 신부님께서 교회 공간을 제공해주셨고, 인터넷 여기저기서 저렴하게 구매한 장식들로 제가 직접 교회를 꾸몄어요. 사진은 영철 오빠가 맡아주었고, 드레스는 성희 언니가 인맥을 동원해주었습니다. 꽃은 우리 가족이, 티 파티와 저녁 준비는 시부모님께서 도와주셨죠. 정말로 모든 사람이 한 팀이 되어 결혼식을 준비했어요. 오히려 돈을 너무 아꼈는지 예산이 남아 마차를 렌트할 수 있었어요(영국에선 말을 렌트하는 게 아주 비싸진 않더라고요). 그렇게 우리는 2월, 영국 교회에서 결혼식을 치렀습니다.

그리고 같은 해 여름에 제주도에서 세번째(?) 결혼식을 올렸어요.

이 또한 많은 도움을 받았죠. '조니 시리즈'를 찍으며 제주도에서 만난 조쉬의 지인들께서 발 벗고 도움주신 덕분에 제가 꿈꾸던 바다 앞 결혼식을 하게 되었어요. 우리는 이 모든 도움을 받을 만큼 잘난 사람도, 착한 사람도, 대단한 사람도, 특히 가족도 아닌데···. 몇 년이 지난 지금도 감사한 마음이 매우 큽니다. 제주도 결혼식은 특히나 저희에게 과분한, 뜻밖의 은인들이 만들어주신 결과라고 생각해요. 그분들이 없었더라면 한국 결혼식은 올리지 못했을 거예요. 그럼 한국에서 경연 프로그램을 찍으며 만난 소중한 지인들과 미국에서 온 친구들, 우리 부모님의 친구분들과 일생에 한 번밖에 없을 이벤트를 공유하지 못했을 테죠. 결혼식 당일에 비바람이 많이 불었지만, 안 좋은 날씨 때문에 더욱더 마음에 남은 결혼식이었어요.

생각 외로 어느 나라에서 사느냐는 금방 결정됐어요. 저는 한국에 들어온 지 고작 1년 반이어서 어딘가에 끈끈하게 속하지도 않았고, 프리랜서로 일했기 때문에 그만둬야 할 직장도 없었거든요. 게다가 저희 부모님은 멕시코에, 동생은 호주에 있었어요. 그리고 조쉬의 수입이 훨씬 높았던 터라, 잃을 게 적은 제가 터전을 옮기는 게 맞다고 바로 판단했죠. 만약 우리가 한국에 남았더라면 지금의 '영국남자'는 없었을 겁니다. 국내에 머물면 저에게 이런저런 기회들이 훨씬 많을 수도 있겠죠. 하지만 제가 현실을 모르는 로맨티시스트처럼 들린들, 당연히 죽는 날까지 함께할 사람을 만났는데 일보단 사랑을 택하는 게 맞지 않겠어요?

결혼으로 삶의 터전을 옮기는 건 저뿐만이 아니었습니다. 때마침 올리도 가정을 꾸리기 위해 런던 중심에서 서쪽으로 이사를 결정 했거든요. 킹스크로스에서 살던 조쉬는 고민에 빠졌죠. 현실적으로 동업자인 올리와 가까이 살아야 했으니까요. 놀거리와 일거리가 많고 친구들과 동생이 모여 사는 동네에서 한 시간 떨어진, 조용하고 가정적인 동네로 선뜻 이사하기란 쉽지 않은 선택이었을 겁니다. 하지만 이제는 새로운 삶을 꾸려야 하는 시점! 그는 힙하고 바쁜 킹스크로스에서 벗어났습니다. 저나 조쉬, 올리 모두에게 새로운 시작이었어요.

하나를 잃으면 하나를 얻는 법이라고 했죠. 우리는 영국 결혼식을 도와준 크리스 신부님이라는 새로운 친구를 사귀게 되었습니다. 우리가 이 동네에 사는 몇 년 동안 크리스 신부님과 제니 사이에는 사랑스러운 딸들이 태어났고, 올리와 리지도 어여쁜 주노를 가졌죠. 이 광경은 제 채널과 남편 채널에 고스란히 담겼습니다.

런던의 서쪽에 자리한 우리의 보금자리는 커다란 3층 집이었어요 (지금은 이사했어요!). 공간이 넓다보니 반은 사무실, 반은 주거지로 사용했었죠. 그곳의 주방은 제 첫 아파트보다 커서, 그곳이 저의 촬영 스튜디오 겸 조쉬와 가족들, 우리 친구들과 함께 밥 먹는 공간이었습니다. 거실과 메인 다이닝룸은 편집 사무실이, 주방 옆 두 번째 다이닝룸이 우리의 거실이 되어주었죠. 우리집은 조용할 날이 없었어요. 낮에는 영국남자 팀이 들어와 편집을 하고, 강아지 브리까지 새 식구로 들어와 매일이 시끌벅적했습니다.

이 집으로 처음 이사했을 때, 이 커다란 공간을 어떻게 써야 할까 고민했어요. 저는 남아도는 방들에 각각 침대를 하나씩 두고 기도했었죠.

'하나님, 이렇게 과분하게 큰 집에 살게 해주신 이유를 아직 모르겠지만, 부디 안식처가 필요한 사람들이 와서 쉴 수 있는 공간이 되게 해주세요.'

그렇게 몇 년 동안 많은 이들이 그곳에서 쉬었다 갔어요.

이런저런 안 좋은 일, 타이밍이 어긋나 갈 곳이 없어진 친구들.

가족에게 큰 상처를 입었는데 휴식처가 없던 친구.

런던에 적응하기 힘들어하던 조쉬의 동생.

유학중 아주 힘든 일을 겪었던 나의 동생.

그들은 짧게는 며칠, 길게는 몇 달을 지냈어요. 그리고 마치 기적처럼 우리집에서 지낸 사람들은 그곳이 진심으로 휴식처가 되어준 덕분에 마음의 안정을 찾았다고 말했습니다. 기도의 응답이었을까요?

조쉬와 제가 그토록 많은 이사를 해왔듯이 평생 어느 한공간에 살 수는 없을 테죠. 하지만 어디를 가든 우리는 늘 함께일 거고, 그 사실이 변함없다면 그곳이 어디든 우리의 집일 거예요!

NO OVEN DESSERTS

Panna Cotta From My Parisian Apartment

파리 옥탑방 판나코타

파리에서 자취했을 때, 종종 친구들을 저녁 식사에 초대하곤 했어요. 이 레시피는 그때 만들었던 디저트예요.
판나코타는 이탈리아식 후식으로, 작은 유리병에 담아 냉장 보관하면 되니 쉽게 뚝딱 만들 수 있어요.
차갑게 먹는 디저트라서 특히 여름에 잘 어울려요.
이 레시피는 4인분으로 만들었어요!

Ingredients

플레인요구르트 200g
우유 300ml
바닐라액 1t
판 젤라틴 2장
라즈베리 200g
레몬 1/2개
백설탕 230g

Mise en place

▸ 젤라틴을 미지근한 물에 넣어서 불려주세요.

▸ 과일은 미리 씻어주세요. 라즈베리 대신 딸기를 쓴다면 깍둑썰기 해주세요.

▸ 레몬의 껍질을 강판에 갈아 제스트를 내주시고, 즙을 짜주세요.

▸ 계량이 필요한 재료들은 미리 준비해두세요.

▸ 바닐라액은 바닐라에센스, 바닐라 익스트랙 둘 다 가능해요.

▸ 판나코타를 담을 유리병이나 용기는 잘 씻어서 말려주세요.

1 우유와 설탕(80g)을 유리컵에 붓고 저어준 후 전자레인
지에 1분 동안 데워주세요.

2 바닐라액 1t을 넣어주세요.

3 우유가 뜨거울 때 잘 저어서 설탕을 완전히 녹여주세요.
그리고 젤라틴을 넣고 섞어줍니다.

4 볼에 플레인요구르트를 부어주세요.

5 3번의 우유가 미지근하게 식었을 즈음 4번 위에 부어
잘 섞어주세요.

6 용기에 향이 나지 않는 식용유(해바라기씨유, 카놀라유,
포도씨유 등) 1–2방울을 전체적으로 발라주세요. 만약
용기째로 먹는다면 이 단계는 패스해주세요!

7 용기에 크림을 적당히 채우고, 랩이나 실리콘 마개로 덮
어 2시간 동안 냉장고에서 굳혀줍니다.

8 그동안 판나코타 위에 올릴 라즈베리 콩포트를 만들 거
예요. 라즈베리는 잘 으깨지도록 반씩 갈라주세요.

9 냄비에 라즈베리, 설탕(150g), 레몬즙을 전부 넣고 약불에 은은히 끓여주세요.

10 설탕이 골고루 익도록 천천히 저어줍니다. 15분 정도 저으며 끓인 뒤, 식혀서 냉장 보관해주면 끝!

11 판나코타가 잘 굳었으면 용기의 가장자리를 잼나이프로 한번 긁고, 그릇 위에 엎어서 빼주세요. 밑바닥을 톡톡 치고 좌우로 흔들 듯 들어주면 잘 빠져요!

12 판나코타 위에 콩포트 1T을 올려줍니다.

Peach Crumble

복숭아크럼블

노오븐 디저트 레시피들 가운데 유일하게 따뜻하게도 먹을 수 있는 디저트예요!

크럼블은 달콤한 후식이지만 든든한 포만감도 주죠.

살짝 따뜻하게 데운 크럼블과 바닐라아이스크림은 찰떡궁합이에요.

이 레시피는 4인분으로 만들었어요!

Ingredients

박력분 100g

황설탕 70g

오트밀 30g

견과류 믹스 30g

무염 버터 100g

천도복숭아 300g

백설탕 3T

계핏가루 1t

화이트와인 4T

물 80ml

소금

option 로즈메리 약간

바닐라아이스크림(토핑용)

Mise en place

▶ 견과류는 식감을 위해 큼직하게 다져주세요.

▶ 복숭아는 잘 씻고 키친타월로 닦아낸 후, 반으로 갈라 깍둑썰기 해주세요.

▶ 나머지 재료는 미리 계량해두세요.

▶ 오트밀은 그래놀라로, 화이트와인은 소주로 대체 가능합니다. 소주도 없다면 물을 사용해도 상관없어요!

▶ 크럼블을 식힐 평평한 그릇에 유산지를 깔아두세요.

1 볼에 박력분, 황설탕, 오트밀, 견과류를 담아 잘 섞어줍니다.

2 중불에 올린 팬에 버터(80g)를 녹여줍니다. 버터가 절대 밤색으로 변하면 안 됩니다. 팬이 너무 뜨거우면 살짝 들어서 녹여주세요.

3 불을 중약불로 줄이고 버터가 녹으면 **1**번의 반죽을 한꺼번에 넣어주세요.

4 타이머를 7분으로 맞춰주세요. 이 이상 볶으면 버터 탄 냄새가 섞여서 맛이 없어집니다.

5 하얗게 덜 섞인 부분이 없도록 주걱으로 잘 섞으며, 반죽을 버터에 볶아주세요.

6 팬에 반죽을 꾹꾹 눌러 평평하게 펴서 30초 동안 익혀주세요. 그럼 밑이 균일하게 익을 거예요. 이런 식으로 30초마다 반죽을 뒤집어주세요.

7 타이머가 울리면 바로 유산지를 깔아둔 그릇에 옮겨주세요. 식으면서 과자처럼 바삭해질 거예요.

8 같은 팬에 남은 버터(20g)를 넣고, 중불에 올려줍니다.

9 버터가 반 정도 녹으면 천도복숭아를 넣어 2분 동안 볶
아주세요.

10 그 위에 백설탕과 계핏가루를 뿌려줍니다.

11 *option* 로즈메리를 쓴다면 지금 넣어주세요.

12 설탕이 녹아들도록 1분 볶아낸 뒤 화이트와인을 넣어
주세요.

13 물을 넣고 7-8분 정도 은은히 끓여줍니다.

14 아까 만든 크럼블을 올려 평평하게 깔아주세요. 2분 더 끓이고 불을 꺼주세요.

15 식혀서 먹어도 좋고, 이대로 뜨겁게 먹어도 맛있어요. 특히 차가운 아이스크림이랑 먹으면 궁합이 좋아요!

Tart Shells

노오븐 타르트지

그런데 디저트는 이런저런 도구와 섬세한 손길이 필요하다고 생각해 지레 겁먹는 분들이 많으실 거예요.
하지만 이 책에서 그런 걱정은 단 1g도 필요없습니다!
저와 함께 타르트의 기본이 될 타르트지부터 만들어볼까요?

Ingredients

다이제 180g(12개)
무염 버터 90g
황설탕 1T
option 견과류 30-40g

Mise en place

▸ 지름 20-21cm 크기를 기준으로 만들 거예요. 8등분 했을 때 한 조각이 충분히 1인분이 될 수 있을 정도로 큼직한 크기랍니다.

▸ 버터가 많이 들어가는 것이 부담스러워서 적게 넣으면 타르트가 쉽게 부서질 수 있습니다. 그래도 괜찮다면 버터를 70-80g 정도로 줄여도 돼요.

▸ 황설탕은 설탕시럽이나 꿀로 대체 가능합니다.

▸ 견과류는 팬에 한번 기름 없이 볶은 후 다져주세요.

▸ 만약 믹서기가 없다면, 지퍼백에 재료들을 전부 넣고 잘 주물러주세요. 버터가 잘 스며드는 것이 포인트!

1 무염 버터를 전자레인지에 10초씩 3번에서 최대 6번 돌려서 서서히 녹여주세요. 한번에 30초-1분을 데우면 버터 맛이 안 좋아져요!

2 손으로 조각낸 다이제와 황설탕, *option* 견과류를 믹서기에 넣어주세요.

3 녹인 버터도 여기에 함께 부어줍니다.

4 액체처럼 갈아낸다기보다, 믹서기의 순간 작동(pulse) 버튼을 눌렀다 뗐다 하며 젖은 흙 질감이 될 때까지 갈아주세요.

5 반죽을 타르트 틀에 옮겨서 숟가락이나 손으로 꾹꾹 눌러 펴주세요.

6 평평하게 잘 펴졌다면 냉장고에 넣습니다. 녹았던 버터가 굳으며 단단한 타르트지가 돼요. 냉장고에서는 최소 30분, 냉동실에서는 10분을 보관합니다.

오레오 타르트지
다이제 대신 오레오(300g)로 만들어도 맛있어요. 하지만 오레오는 이미 충분히 달아서 설탕 대신 버터만 넣어서 만들면 됩니다. 방법은 똑같아요!

Chocolate Tart

초콜릿타르트

이 레시피는 제 유튜브 채널에서 처음으로 만들었던 노오븐 디저트였어요.

정말 많은 분들이 좋아하고 따라 만들어주셔서 그뒤로 노오븐 디저트 몇 가지를 더 만들게 됐죠.

그러다보니 이 레시피가 제일 간단하고 쉬워요.

Ingredients

오레오 타르트지 1개

다크초콜릿(카카오85%) 200g

밀크초콜릿 100g

생크림/휘핑크림 300ml

라즈베리 200g

피스타치오 100g

꽃소금 약간

Mise en place

▶ 타르트지는 370쪽을 참고해 미리 만들어두세요. 굳히는 동안 다른 재료를 준비합니다.

▶ 라즈베리는 딸기로, 피스타치오는 헤이즐넛 등 다른 견과류로 대체 가능합니다.

▶ 라즈베리는 잘 씻고 키친타월에 올려 물기를 완전히 빼주세요.

▶ 초콜릿은 미리 손으로 뚝뚝 부러트려주세요.

▶ 생크림이나 휘핑크림도 미리 계량해두세요.

▶ 가나슈(ganache)는 초콜릿과 크림을 섞어 만드는 초콜릿 크림이에요. 다양한 초콜릿 베이킹에 사용되죠. 여러분이 가나슈를 만드는 도중에 패닉에 빠지지 않도록 미리 만드는 팁을 소개할게요!

– 재료를 섞었을 때 초콜릿과 크림이 갈라진다면 실온에 둔 우유나 물을 1T 넣고 잘 저어주세요. 그래도 갈라진다면 한번 더 1T을 넣고 저어주세요. 크림이 윤기 나고 부드러워질 때까지 반복하는데, 액체를 절대 한번에 많이 넣지 마세요!

– 가나슈가 너무 묽으면 전자레인지에 15초 돌린 다음 초콜릿 10g을 넣고 저어주세요. 마찬가지로 윤기가 날 때까지 꼭 조금씩! 넣어주세요.

– 가나슈가 너무 단단하면 전자레인지에 15초 돌린 다음 생크림 1T을 넣고 저어주세요. 이때도 똑같이, 가나슈가 부드러워질 때까지 1T씩만 넣어가며 저어줍니다.

1   모든 초콜릿을 그릇에 넣고 생크림을 부어주세요. 되도록 유리나 도자기 그릇을 사용해주세요.

2   전자레인지에 1분 돌린 후, 3분 정도 식게 둡니다.

3   천천히 저어서 초콜릿 덩어리를 골고루 녹여주세요. 광택이 돌 때까지 천천히 젓고 꽃소금 한 꼬집을 녹여주면 수제 가나슈 완성이랍니다.

4   타르트지에 가나슈를 부어주세요. 틀을 툭툭 쳐주면 기포가 없어질 거예요. 실온에서 20분 굳혀줍니다.

5   그동안 피스타치오를 다져주세요. 씹히는 식감이 있도록 큼직큼직하게 다져줍니다.

6   가나슈가 살짝 굳었을 때 라즈베리를 원하는 모양으로 장식해주세요.

7   그 위로 피스타치오를 고루 뿌려주세요.

8   틀 아래 부분을 살살 들어 올려 타르트를 분리시킵니다.

Strawberry Cheesecake

딸기치즈케이크

'딸기'와 '치즈케이크'는 '딸기치즈케이크'로 붙어 있어야 할 것만 같지 않나요?

그만큼 부드러운 치즈케이크와 산뜻한 딸기는 궁합이 무척 좋아요.

이 레시피는 만드는 과정이 간단하지만, 크림을 휘핑하거나 펴바르는 등 자잘한 스킬이 필요합니다.

참고로 타르트 틀을 사용해 딸기치즈'타르트'를 만드시려면 크림치즈 양을 반으로 줄여주면 돼요!

Ingredients

다이제 타르트지 1개
크림치즈 300g
생크림 200ml
백설탕 120g
바닐라액 1/2t
레몬즙 1t
화이트초콜릿 80g
딸기 300~400g

Mise en place

▸ 타르트지는 미리 370쪽을 참고해 만들어주세요. 이번엔 케이크를 만들기 때문에 케이크 틀에 타르트지를 펴주셔야 해요!

▸ 케이크 틀 안쪽에 고루 식용유를 바르고, 유산지를 원형으로 잘라 바닥에 깔아주세요. 그럼 나중에 분리하기 편합니다.

▸ 딸기를 물에 잘 씻어서 반으로 썰고, 키친타월 위에 올려 물기를 제거해주세요.

▸ 재료들은 미리 계량해두세요.

▸ 화이트초콜릿은 전자레인지에 20초 돌린 다음, 수저로 저어서 덩어리를 녹여주세요.

1 큰 볼에 차가운 생크림을 넣고 설탕을 1T씩 넣어가며 휘핑해주세요.

2 크림이 단단해지기 전에 레몬즙과 바닐라액을 넣고 계속 휘핑해줍니다.

3 거품기를 들어 올렸을 때, 크림이 떨어지지 않으면 완성이에요!

4 단단히 올린 크림에 크림치즈를 넣어주세요.

5 주걱으로 폴딩((folding) : 마치 이불을 개듯 크림이나 반죽을 반으로 가른 뒤 한쪽을 다른 쪽에 겹쳐 올리며 섞는 것)하여 섞어주세요.

6 미리 녹여둔 초콜릿을 크림에 전부 부어주세요. 그리고 또 폴딩으로 섞어줍니다. 화이트초콜릿이 케이크를 굳혀줄 거예요.

7 타르트지가 깔린 케이크 틀을 냉장고에서 꺼내고, 딸기를 틀 가장자리에 나란히 세워주세요.

8 가운데 빈 공간에 **6**번의 크림치즈를 넣어줍니다.

9 딸기가 보이지 않을 정도로 고르게 펴준 뒤, 최소 2시간 동안 냉장 보관해주세요.

10 크림이 잘 굳었으면, 틀에서 케이크를 빼주세요. 잼나이프로 가장자리를 한번 긁어주면 잘 빠질 거예요.

11 윗면과 가장자리도 잼나이프로 정리하면 더 깔끔하게 서빙할 수 있어요. 힘을 빼고 위를 한번 지나간다는 느낌으로 쓸어주시면 됩니다.

12 딸기가 남았다면 그 위에 마음껏 올려 장식해주세요!

Custard Tart

커스터드타르트

달걀노른자와 우유, 설탕으로 만드는 커스터드크림은
과하지 않은 맛과 향 덕분에 많은 사람들에게 사랑받는 크림이에요.
한번 만들어두면 각종 베이킹에 속재료로 활용할 수 있지요.
커스터드크림은 커피보다는 홍차와 먹었을 때 그 향이 더욱 살아납니다.
토핑으로 휘핑크림이나 판나코타에서 만들었던 콩포트(pg.358) 를 올려도 맛있어요!

Ingredients

다이제 타르트지 1개
달걀노른자 4개
옥수수전분 8g
백설탕 150g
우유 400ml
판 젤라틴 2장
레몬 1개
딸기 100g
블루베리 50g
블랙베리 50g
option 슈가파우더 약간

Mise en place

▶ 타르트지는 370쪽을 참고해 준비해두세요.

▶ 레몬은 깨끗이 씻어 닦아주시고, 강판으로 껍질을 갈아 제스트를 만들어주세요.

▶ 달걀 4개는 미리 노른자와 흰자를 분리해주세요.

▶ 베리 종류는 취향에 맞게 더 올리거나 덜 올려도 상관없어요. 하지만 우유는 저지방이 아닌 것으로 준비해주세요.

▶ 과일을 깨끗이 씻어 키친타월로 물기를 닦아주세요.

▶ 젤라틴은 미지근한 물에 불려두세요.

▶ 각각 재료를 재서 미리 계량해두세요.

1 볼에 달걀노른자 4개와 백설탕, 옥수수전분을 넣고 거품기로 잘 섞어줍니다. 연한 노란색이 될 때까지 휘핑해주세요.

2 중간에 우유를 넣으면서 저어주시는데, 붓는 속도를 천천히, 총 4-5번에 나누어 진행해주세요.

3 마지막으로 레몬 제스트를 넣고 섞어주세요.

4 이제 볼을 랩으로 덮어서 전자레인지에 1분씩 총 3번 돌려줄 거예요.

5 1분마다 볼을 꺼내 주걱으로 크림을 잘 저어주세요. 열을 분산하는 과정으로, 저은 후에 다시 랩을 덮어 1분씩 돌려주면 됩니다.

6 3분이 지나면 젤라틴을 넣고 잘 저어줍니다. 아직도 묽으면 30초씩 **5**번의 과정을 반복해주세요.

7 숟가락에 크림을 묻히고 손가락으로 선을 그었을 때 그은 형태가 그대로 남아 있다면 잘 익은 거예요.

8 다시 랩을 덮어 실온에서 30분 식혀주세요. 덮지 않고 식히면 표면이 굳으니 주의해주세요.

9 크림이 식으면 준비해둔 타르트지에 붓고, 냉장 보관해 주세요. 최소 30분은 보관해야 베리 장식을 올릴 수 있을 정도로 굳습니다.

10 살짝 굳은 커스터드타르트를 꺼내 그 위에 준비해둔 과일들을 올려 장식해주세요. *option* 슈가파우더를 솔솔 뿌려주면 더욱 예뻐요.

Sweet Pumpkin Tart

단호박타르트

미국에서는 가을이 되면 단호박파이와 아메리카노를 종종 먹곤 했어요.

달짝지근한 단호박과 고소하면서 쌉쌀한 아메리카노는 몸과 마음을 따듯하게 해주니까요.

사실 영국에서는 핼러윈 시즌에만 잠깐 '미국식 타르트'라며 몇몇 카페에 한정판 메뉴로 판매하죠.

그러니 어쩔 수 없죠, 제가 직접 만들어 먹는 수밖에!

Ingredients

타르트지 1개
단호박 400-500g
우유 150ml
황설탕 60g
계핏가루 1t
생강가루 1/2t
휘핑크림/생크림 100ml
슈가파우더 3T
바닐라액 1/4t
달걀 1개
젤라틴 가루 7g
소금

Mise en place

▸ 타르트지(pg.370)는 다이제나 오레오 둘 다 잘 어울려요. 취향에 맞추어 준비해주세요.

▸ 단호박을 잘 씻어서 전자레인지에 2-3분 정도 돌리고 반으로 썰어주세요. 씨를 숟가락으로 제거한 다음 8등분 하여 큼직한 그릇에 담아주세요. 윗부분을 랩으로 덮은 후, 전자레인지에 6-8분간 돌려주세요. (비닐 랩이 찝찝하면 김이 빠져나갈 틈을 남기고 평평한 접시로 위를 덮어서 돌립니다.)

▸ 판 젤라틴을 쓴다면 2장을 준비해 미지근한 물에 넣어두세요.

▸ 생크림은 차갑게 쓸 수 있도록 냉장 보관합니다.

▸ 다른 재료를 미리 계량해두세요. 만약 타르트 전체를 크림으로 장식하고 싶다면, 크림을 200ml 준비해주세요. 현재는 조각마다 조금씩 올려 먹는 양이에요.

1 전자레인지에 돌려둔 단호박을 꺼내 숟가락으로 살을 발라내주세요. 익은 상태라면 쉽게 분리될 거예요.

2 냄비에 손질된 단호박을 우유, 황설탕, 소금 한 꼬집과 함께 넣어 약불에 은은히 끓여줍니다. 센 불에 끓이면 우유 층이 분리되니 조심하세요.

3 기포가 올라오면 계핏가루와 생강가루를 넣고 섞어주세요.

4 설탕이 잘 녹았으면 불을 끄고 핸드믹서기를 이용하거나 믹서기로 옮겨서 갈아주세요.

5 필링이 뜨거운 상태에서 젤라틴을 넣고 잘 섞어주세요.

6 달걀을 넣고 재빨리 저으며 잘 섞어주세요. 믹서기를 이 용했다면 젤라틴과 달걀을 넣고 한번 더 갈아주세요.

7 최소 30분 동안 필링이 미지근하게 식을 때까지 둡 니다.

8 만들어둔 타르트지에 필링을 부어주세요.

9 틀을 탁탁 쳐주면서 기포가 위로 올라오게끔 하고, 수저로 평평하게 펴준 다음 2시간 정도 냉장 보관해주세요.

10 차가운 생크림을 볼에 넣고 거품을 내줄 거예요. 이때 슈가파우더를 1T씩 총 3번에 나누어 넣으며 섞어주세요. 전부 섞인 후에 바닐라액도 넣어줍니다.

11 거품기를 들어 올렸을 때 사진처럼 뿔이 만들어지면 완성이에요. 더 휘핑하면 크림이 갈라집니다!

12 타르트 조각 위에 조금씩 올려서 서빙해주세요. 저는 장식으로 다진 헤이즐넛을 뿌려줬습니다.

Sweet Potato Marshmallow Tart

고구마마시멜로타르트

추수감사절 시즌이 되면 미국 사람들이 꼭 먹는,

이른바 미국의 명절음식으로 '고구마 캐서롤(sweet potato casserole)'이라는 요리가 있어요.

으깬 고구마 위에 마시멜로를 올려서 오븐에 굽는 거죠.

요리치고는 워낙 달아 디저트로도 잘 어울리겠다고 생각해서, 타르트로 재해석해봤어요.

Ingredients

타르트지 1개

호박고구마 300g

꿀 1T

생크림/휘핑크림 350ml

슈가파우더 60g

다크초콜릿(85%) 80g

마시멜로 50~70g

소금

Mise en place

▶ 타르트지(pg.370)는 다이제나 오레오 둘 다 잘 어울려요. 취향에 맞추어 준비해주세요.

▶ 고구마는 원하시는 방식대로 익혀주세요. 껍질째로 끓이거나 찌거나, 오븐 또는 에어프라이에 구워주시고 식힌 다음 껍질을 제거해주세요.

▶ 다른 재료를 미리 계량해둡니다.

▶ 마시멜로는 사이즈에 따라 필요한 무게가 달라요. 토핑용이기 때문에 갖고 계신 것의 크기에 맞게 준비해주세요.

– 레시피의 마지막 단계에서 마시멜로를 굽기 위해 토치나 오븐을 사용할 거예요. 마시멜로가 녹아야 끈적이면서 부드러워지기 때문에 썰기도 쉽고 먹기도 좋거든요. 만약 토치나 오븐이 없다면 가장 작은 크기의 마시멜로(손가락 마디 크기)를 사용해주세요. 아니면 아예 안 올리는 게 좋을 거예요! 큼직한데 녹이지 못하면 잘 썰리지 않고 식감도 타르트와 어울리지 않으니까요.

1 익혀둔 고구마를 잘 으깬 다음 완전히 식혀주세요.

2 차가운 생크림이나 휘핑크림(200ml)을 거품기로 휘핑
해줍니다.

3 슈가파우더를 1T씩 대여섯 번에 나누어 넣으며 크림으
로 만들어주세요.

4 휘핑크림이 단단히 잘 올라왔으면 **1**번의 고구마를 넣
고 크림 덩어리들을 폴딩하여 섞어주세요.

5 이제 타르트 바닥에 깔릴 가나슈를 만들 거예요. 다크초콜릿을 손으로 부숴 그릇에 넣고, 남은 생크림이나 휘핑크림(150ml)을 부어주세요.

6 전자레인지에 30초 돌린 후, 2분 정도 식히고 천천히 저어 초콜릿 덩어리를 잘 녹여주세요. 광택 도는 질감이 될 때까지 저어줍니다.

7 가나슈가 반들반들해졌으면 타르트지 위에 가나슈를 먼저 깔아주세요.

8 실온에서 20분 굳힌 다음, 그 위에 고구마 퓌레를 올립니다. 타르트지를 꽉꽉 채우고 주걱으로 평평하게 펴주세요.

9 마시멜로를 타르트 위에 올려 마음껏 장식해주세요.

10 토치로 마시멜로를 구워주세요. 만약 토치 대신 오븐이 있다면, 우리는 '노오븐 디저트'지만 220도로 예열한 오븐에 4-5분 정도 구워주세요!

Lemon Meringue Tart

레몬머랭타르트

이 레시피는 영국에서 봄날이 다 끝나고 여름이 다가올 무렵,
시원하고도 상큼한 디저트가 먹고 싶어 만들었던 타르트예요.
타르트 위에 올릴 스위스머랭은 은은히 끓고 있는 물 위에 볼을 얹어 만들어요.
달걀흰자를 살짝 익히면서 만들어 건조하지 않고 윤기가 좌르르 흐른답니다.

Ingredients

다이제 타르트지 1개
레몬 4개
달걀 4개
백설탕 245g
옥수수전분 50g
무염 버터 100g
판 젤라틴 1장
바닐라액 약간
option 우유/생크림 2T

Mise en place

▶ 버터가 냉장고에 있다면 1시간 전에 미리 꺼내 깍둑썰기를 하고 실온에 두세요.

▶ 타르트지는 370쪽을 참고해 미리 준비해두세요.

▶ 레몬은 깨끗이 씻어서 제스트를 만들고, 반으로 썰어 즙(약 120ml)까지 짜주세요.

▶ 달걀 2개는 미리 노른자와 흰자를 분리해주세요. 두 개를 각각 사용할 거기 때문에 따로 보관해주세요!

▶ 단단하지 않은 식감이 좋으시면 젤라틴은 빼도 됩니다.

▶ 각각 재료를 미리 계량해두세요.

▶ 머랭은 타르트를 먹기 직전에 올려주세요. 미리 만들어서 올려두면 시간이 흐르면서 물이 나오기 시작할 거예요.

1 큰 볼에 달걀 2개와 달걀노른자 2개, 백설탕(150g)과
옥수수전분을 넣고 거품기로 잘 저어줍니다.

2 달걀물이 완성되면 미리 짜둔 레몬즙에서 1T만 남기고
나머지를 모두 달걀물에 부어 잘 섞어줍니다.

3 볼을 랩으로 덮어서 전자레인지에 1분 돌려주세요.

4 썰어둔 버터 4-5조각과 레몬 제스트(장식용으로 사용할
양을 남겨둡니다)를 넣고, 버터가 녹을 때까지 잘 저어주
세요.

5 그다음 다시 랩을 덮고 1분 더 돌려줍니다. 이번엔 남은 버터의 1/2 분량을 넣고 저어주세요.

6 마지막으로 1분을 또 돌린 후 남은 버터를 전부 넣고 녹여주세요. 젤라틴을 쓴다면 이때 함께 넣습니다. 아직도 묽으면 30초씩 앞선 과정을 (버터 없이) 반복해주세요.

7 주걱에 크림을 묻히고 손가락으로 선을 그어보세요. 그은 선이 유지된다면 잘 익은 거예요.

8 *option* 여기에 우유나 생크림 2T을 넣고 섞어주시면 더 부드러운 맛이 납니다.

9 크림은 다시 랩으로 덮어 실온에서 1시간 동안 식혀주세요. 덮지 않으면 표면이 굳으니 주의하세요.

10 크림이 식으면 준비해둔 타르트지에 붓고, 최소 1시간 동안 냉장 보관해주세요.

11 그동안 스위스머랭을 만들 거예요. 머랭을 만들 볼보다 입구가 작은 냄비에 물을 1/3 정도 채우고, 볼을 올려서 약불에 은은히 데워줍니다.

12 물에서 김이 올라오고 밑부분을 만졌을 때 따뜻하면, 달걀흰자 2개를 넣어주세요.

13 곧바로 설탕(95g)을 약 1T씩 넣어가며 거품기로 휘핑해주세요.

14 손가락으로 머랭을 집었을 때 설탕의 알갱이가 느껴지지 않으면 볼을 냄비에서 빼줍니다. 온도계가 있다면 79-80도에서 빼주시면 돼요.

15 아까 **2**번에서 남겨둔 레몬즙 1T을 넣어주세요.

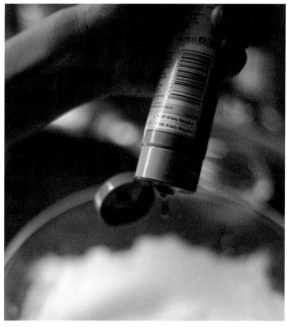

16 바닐라액도 약간 넣고 잘 섞어줍니다.

17 이제 거품기로 열심히 섞어서 머랭을 단단히 올려주세요. 사진처럼 뿔이 만들어지면 완성이에요!

18 잘 굳은 레몬타르트 위에 머랭을 높이 올려주세요.

19 토치로 머랭의 겉을 살짝 구워 색을 내주세요. 만약 토치 대신 오븐이 있다면, 우리는 '노오븐 디저트'지만 220도로 예열한 오븐에 3-4분 정도 구워주세요!

Marron Cake

마롱케이크

요즘은 맛있고 달달하게 조리된 밤을 쉽게 사서 먹을 수 있으니 참 편하죠?

이 레시피는 간편히 마트에서 산 맛밤으로 만드는 디저트예요.

몽블랑을 떠올리게 하는 밤과 크림의 조합입니다.

앞선 딸기치즈케이크(pg.378) 처럼 케이크 틀을 사용하면 예쁘게 만들 수 있어요.

Ingredients

타르트지 1개

맛밤 380g

황설탕 100g

럼주/위스키 100ml

물 80ml

판 젤라틴 2장

계핏가루 1t

생크림/휘핑크림 500ml

슈가파우더 6T

바닐라액 약간

헤이즐넛 60g

Mise en place

▶ 타르트지(pg.370)는 다이제나 오레오 둘 다 잘 어울려요. 취향에 맞추어 준비해주세요.

▶ 재료들은 미리 계량해두세요. 참고로 생크림/휘핑크림의 300-350ml는 케이크용이고 나머지는 데코용입니다.

▶ 젤라틴은 미지근한 물에 담가놓으세요.

▶ 럼주나 위스키가 없으면 소주로 대체 가능합니다.

1 약불에 올린 냄비에 맛밤(300g), 물, 럼주, 황설탕을 넣고 밑이 타지 않도록 잘 저어가며 끓여주세요. 한번 끓어오르면 10분만 더 끓입니다.

2 불을 끄고 계핏가루를 뿌린 뒤, 말랑해진 젤라틴을 넣어주세요.

3 젤라틴이 잘 녹을 수 있도록 섞어줍니다.

4 핸드믹서기로 바로 냄비에서 갈거나 믹서기로 옮겨 곱게 갈아줍니다. 뻑뻑하면 물을 1T씩 추가하며 갈아주세요. 사진처럼 부드럽지만 되직해지면 완성이에요. 그리고 최소 30분 정도 식혀주세요.

5 볼에 크림을 붓고 거품기로 휘핑해주세요. 이때 슈가파
우더 6T을 1T씩 나누어 넣으며 크림을 올립니다. 마지
막에 바닐라액도 1/4t 정도 뿌려주세요.

6 크림으로 뿔이 만들어지면 케이크에 장식할 휘핑크림
100~150g을 따로 담아서 냉장 보관해주세요.

7 완전히 식은 4번의 마롱크림을 전부 넣고 폴딩하여 섞
어주세요.

8 냉장고에서 타르트지를 꺼내 마롱크림을 전부 올리고
수저로 평평하게 펴주세요.

9 헤이즐넛은 큼직큼직하게 다지고 팬에 2분 정도 볶아 주세요.

10 황설탕 1T을 넣고 더 볶아줍니다.

11 설탕이 다 녹으면 바로 남은 밤(80g)을 넣어주세요.

12 물을 4T 정도 뿌려 잘 섞어주시고, 물이 한번 끓어올라 시럽처럼 걸쭉해지면 불을 꺼주세요.

13 유산지 위에 올려서 식혀주세요.

14 굳힌 케이크를 틀에서 빼줍니다.

15 냉장고에 보관해둔 휘핑크림을 짤주머니에 옮겨서 케이크 위를 장식해주세요.

16 마지막으로 휘핑크림 위에 **13**번의 밤을 올려 장식을 해줍니다.

≪ 팬 하나로 충분한 두 사람 식탁 ≫

초판 발행 2023년 6월 27일
4쇄 발행 2024년 5월 24일

글 국가비
사진 Bannie Park

책임편집 변규미
편집 서병수
디자인 조아름
마케팅 김도윤
브랜딩 함유지 함근아 고보미 박민재 김희숙 박다솔 조다현 정승민 배진성
제작 강신은 김동욱 이순호

펴낸이 이병률
펴낸곳 달 출판사
출판등록 2009년 5월 26일 제406-2009-000034호
주소 10881 경기도 파주시 회동길 455-3
이메일 dal@munhak.com
SNS dalpublishers
전화번호 031-8071-8683(편집) 031-8071-8681(마케팅)
팩스 031-8071-8672

ISBN 979-11-5816-164-4 13590
가격 35,000원